博士论丛

历史环境的管治
——理论创新与模式实证

The Governance of Historic Environment

——Theoretical Innovation and Empirical Model

李宏利　著

中国建筑工业出版社

图书在版编目（CIP）数据

历史环境的管治——理论创新与模式实证/李宏利著．—北京：中国建筑工业出版社，2011.3

（博士论丛）

ISBN 978-7-112-12989-8

Ⅰ.①历… Ⅱ.①李… Ⅲ.①城市规划-研究-太原市②文物保护-研究-太原市 Ⅳ.①TU984.225.1②K872.251

中国版本图书馆 CIP 数据核字（2011）第 032197 号

责任编辑：牛　松
责任设计：赵明霞
责任校对：陈晶晶　姜小莲

博士论丛

历史环境的管治

——理论创新与模式实证

李宏利　著

*

中国建筑工业出版社出版、发行（北京西郊百万庄）
各地新华书店、建筑书店经销
霸州市顺浩图文科技发展有限公司制版
北京云浩印刷有限责任公司印刷

*

开本：787×1092 毫米　1/16　印张：11½　字数：215 千字
2011 年 5 月第一版　　2011 年 5 月第一次印刷
定价：**36.00** 元

ISBN 978-7-112-12989-8
（20376）

序

城市凝固着时间、空间，城市交织着历史、环境，城市永远不会停止生长发展，所以城市更新发展是城市生命的延续，是城市充满活力发展的需求。在快速城市化进程中，城市更新，尤其是旧城改造更新日趋加快，由此引发的一个十分重要值得关注的命题就是对城市历史遗迹、历史街区、历史环境的保护。因为它是城市历史内涵、底蕴的体现、见证，是不可再生的城市资源，是珍贵的城市财富。而这种关注涵盖城市规划、城市设计、城市景观的基础理论和相关工程技术，并且涉及管治，即管理、治理，实施各方面的整体综合协调、综合渐进。

李宏利博士这本《历史环境的管治——理论创新与模式实证》著作就是针对城市更新发展中的这一重要命题长期深入研究的成果，其学术性与可读性、理论性与通俗性相结合，对现阶段中国城市发展理论和实践探索有积极的现实意义，至少又一次向大众呼唤应对历史环境保护引起高度重视，同时提出了“管治模式”的话题。

正如作者在书中所写：“通过实证研究、理论借鉴，历史环境保护工作中融入管治思路，发掘转型期历史环境困境的根源，获得了初步研究成果”。李宏利博士在撰写博士论文阶段曾挂职山西省太原市规划局任副局长，他以对城市建设事业强烈使命感、责任心参与了对太原市历史环境保护的相关调查。见证并参与了多项实际案例实施过程中不少矛盾产生与解决的全过程。从理论到实践同步跟踪，从现象到本质逐步提升，从规划到管治逐段总结，再通过专题研究汇编成本书。作者还从理论上分析：“历史环境是一种公共物品”，它属于人民大众，人民大众才是城市建设中的真正主人。在城市更新发展中必须处理好“天、地、人”的关系，这也是城市规划、城市可持续发展中的基点。处在城市发展转型期的城市职能也会随之更新改变，如何保持城市原生态性，保护历史环境，不失原有城市特色已势在必行，对城市历史遗产、历史环境的保留与破坏，保存与消失，保护与创新始终是矛盾对立的统一，当然，本书限于太原城市的实证，在视角、视野开拓上尚受到局限，但其理论探索、研究方法还是值得提倡。随着全球化倡导生态环境，资源保护，建设低碳城市、绿色城市的发展大趋势中，关注历史环境的保护与管治应该成为二十一世纪的重要话题之一。

邢同和

2011.1.8

前　言

本书试图通过对于管治理论的借鉴、国外保护历史环境的回顾和太原市实证的研究，回答以下几个问题：城市更新中历史环境变化的根源和动力是什么？如何建立社会的合力机制，避免城市更新中对历史环境的破坏？如太原市这样快速发展中的城市，其历史环境存在的问题和转机是什么？

研究的创新点在于：首次将历史环境保护同公共物品管治理论相结合进行系统研究；同时通过实证调查探索历史环境破坏的深层根源。

第 1 章绪论。介绍本书的缘起，研究目标与理论创新，研究方法与过程，相关概念辨析，提出本书的研究框架。第 2 章提出了研究的问题。在总结了转型期城市历史环境面临着原真性、整体性消失和更新方式失谐的困境之后，回顾了以往历史环境保护的研究角度。第 3 章引入公共物品概念。分析了公共物品的特性和面临的“哈定悲剧”难题，随后阐述历史环境保护作为一种特殊的公共物品，也面临个体理性而导致的集体非理性，当前城市历史环境处于多种利益驱动下的快速消失正是这种集体非理性的表现。管治思路是解决这种“哈定悲剧”的重要方式。第 4 章介绍管治理论。在重点解析了管治的概念、城市管治的理论之后，通过埃里诺. 奥斯特罗姆的小规模公共池塘问题的实证研究，分析公共物品管治的关键要素，进而提出历史环境管治的原则。第 5 章以管治理念为基础探寻历史环境困境的根源。揭示出多元利益主体存在着合力方向的偏离是困境的利益根源，传统体制的束缚造成困境的越位与缺位是困境的责权根源，此外还存在着资金、法规、理念缺乏等支撑的不足。第 6 章通过个案研究对太原市当前几种历史环境更新模式进行分析评价，提出需要构建管治思路指导下的多元和谐的历史环境保护和更新模式。第 7 章研究国外历史环境保护管治的变化。从保护观念演变、管理主体的发展、保护手段的多元这三个方面入手，总结了国外历史环境保护趋势正在走向多元协商的保护。多元协商不仅是保护的手段还是保护的目的。第 8 章在以上论述的基础上提出历史环境保护管治的研究框架。包括历史环境保护与管治思路的结合，保护管治的目标和原则及具体手段。

目　　录

第1章　绪论

本章内容包括问题的提出，选题的背景，研究的目的和意义，研究方法，文献综述，本书结构安排等。

1.1　研究的缘起

1.1.1　国内反复发生的破坏呼唤研究思路的拓展

从国内历史环境保护的现实状况看来，自从20世纪80年代以来我国的保护工作已经取得了巨大的成就，以往的保护实践已经为我们做了充足的探索，在工作中积累了丰富的经验，并通过对外交流从西方历史保护工作中借鉴了许多有益的经验。

与此同时，在全国范围内，历史环境保护与发展也出现了很多问题，表现为：(1) 原真性破坏。历史环境因缺乏维护而任其破败；一些旧城中心的历史街区连带一些文物古迹和历史环境被“推光头”式大量拆除；“假古董”式商业开发，造成历史环境原真性破坏；(2) 整体性消失。城市快速更新追求“日新月异”，超量建设新建筑，破坏历史文化遗产周边空间环境，造成历史环境的整体性消失，失去连续感；(3) 社会矛盾加深。历史环境更新过程中，忽略了相关主体利益的兼顾，拆迁矛盾加剧，更新方式失去和谐。尽管现有的历史环境保护工作者对这些问题给予了充分的关注，很多有责任心的学者和专家奔走呐喊，历史环境的破坏依然在以相同的形式一遍一遍地重演，历史文化建筑及周边环境消亡的速度不见缓解反而呈加速的势态。

我们不得不反思我们开出的一剂剂药方是否对症，我们的对策是否触及到问题的本源。同时需要从更多的方向拓宽思路，更贴近现实状况来研究历史环境所面临的问题。

1.1.2　国外历史环境保护的历程与管治理念的发展

国外历史环境保护的发展起源于对杰出的重要古迹的保护，经历了一个范围逐渐扩展的过程，由对单体建筑的保护发展到对于整个区域的保护，再发展到对构成历史环境的社会传统人文因素的保护，到最后追求一种主体间利益和谐，兼顾当代与后代的可持续的“全面性”❶ 保护。保护的主体也由单一的封建君主或政府统一管理逐渐发展到多元主体间的协商合作，成为政府、市场、公众之间的一种默契。

国外历史环境保护态度和方式的转变不能不归因于对于社会事务运行方式整体思路的发展变化，其中管治思路是其中之一。管治理论是 1990 年代在国外兴起的一个研究热点，它认识到了组织之间的相互依赖❷，强调管理工作的多元、和谐、灵活、持续等特点。从国外管治的发展背景看来，管治是西方资本主义国家经历了“市场失灵”和“政府失灵”之后，所摸索的一条崭新路径。国内很多学者不久将这个概念引入中国，并开始了大量的有针对性的实证研究。

将国外历史环境“全面性”保护理念同“管治”理论放在一起来对比会发现两者有着紧密的联系，他们产生的背景、产生的时代、目标和实现方式都有很多相似之处。尽管我们不能据此就认为“全面性”保护就是“管治”理念在历史环境保护领域的延伸，但是我们有理由相信这两个概念之间具有共同的根源，进而具备理论借鉴的可能性。从管治研究的实证特点来说，它需要在不同领域，针对不同的具体情况进行研究，因此在历史环境保护工作中的管治研究也可以被认为是对管治理论的验证和补充。

1.1.3 基层的保护实践要求关注保护的运行机制

2004 年 12 月笔者由同济大学来到太原市规划局挂职锻炼，工作中看到了在全国多数城市都看到的情况：在城市建设迅猛发展、自然环境日渐好转的同时，历史环境面临一次脱胎换骨式的变化。历史格局、名老字号、街巷尺度发生了翻天覆地的变化，站在旧城的核心区，已经分辨不出我们所处的是在太原还是国内任何一个其他的城市。

一年多的时间里，我们组织了多次专家论证会，参加了很多历史保护的政府协调会，走访了很多历史环境变迁的见证者，调研了很多的历史破坏现场和事件。实践的参与让笔者认识到历史环境保护问题是一个错综复杂的社会问题。所有历史环境保护与发展的相关问题，诸如：资金筹措、理念普及、拆迁整治等等，都涉及方方面面的相关主体。保护的全过程充斥着多种主体间的博弈。可以说整个保护的过程就是多元主体间利益竞争直到平衡的

---

❶ 尽管“整体性”和“全面性”在国内被一些学者认为是属同一个范畴，但是笔者认为从词语的含义来说，“整体性”偏重于物质性，而“全面性”则包含了多种社会经济因素。

❷ 格里·斯托克总结了关于管治的 5 种观点：(1) 权力中心多元；(2) 国家与社会之间、公共部门与私人部门之间的界限和责任便日益变得模糊不清；(3) 在涉及集体行为的各个社会公共机构之间存在着权力依赖；(4) 参与者最终将形成一个自主的网络；(5) 办好事情的能力并不仅限于政府的权力，在公共事务的管理中，还存在着其他的管理方法和技术。转引自：黄骊. 国外大都市区治理模式. 南京：东南大学出版社，2002.

过程。学者专家所做出的保护策略和技术措施，变为现实的过程中经过多级政府、多个部门、公众、开发商的层层过滤。良好的设想往往被曲解，甚至走向相反的方向。在这个过程中，每一个集团都从自身利益角度出发，做出对于这件事情的选择。一味地埋怨政府或某个部门是于事无补的，因为随着民主社会的发展，政府逐渐成为社会链条中的一环。指望某一级或某一届政府短时间解决整个保护机制方面存在的问题是不可能的。

城市历史环境的命运就在这些合力的作用下或延续或灭亡。如果确实想保护历史文化环境，那么对这股力量的研究甚至对这股力量背后的推动力的研究是必不可少的。

1.1.4 快速发展中的城市急需针对性的历史环境保护研究

清华大学陈志华教授认为"一本关于罗马建设规划的书里说，在普遍很穷的时候，旧市区的保护问题不大，因为本来就没有力量去改变它。在很富裕的时候，问题也不大，只要大量贴钱进去，总有办法。最难的是中间状态。有点钱想改善、想建设，却又没有足够的钱按理想状态去建设、改善，这种时候旧市区最容易毁掉"（陈志华，1996）。我国城市的历史街区正处于这样的危险境地❶。陈志华先生历时性地将城市历史环境的保护效果看作了一种"哑铃型"。

共时性地看，处于同一时代的经济发展不同水平的城市，也面临着相同的状况。如果以上海、太原、平遥为例，这三个城市的历史文化历史保护状况也呈现"哑铃型"。太原市的历史环境消逝速度远远快于上海和平遥。

上海等国内经济发达城市尽管也曾经发生过破坏性的更新，但是由于具备经济❷、政策等优势，历史环境的破坏一经发现调整起来速度也相对较快❸；市民素质较高，与国外的接触较多，容易接受国外历史环境保护的先进理念和历史环境的审美要求；学术研究机构和大学较多，学术团队力量强，针对性的研究成果和基础资料丰富，对深入保护工作奠定了丰厚的基础。因此近年来的保护工作已经形成一种社会氛围。很多历史环境得到了较好的保护。

平遥等中小县市，在经济发展初期，经济发展缓慢较少建筑活动，当快速更新塑造突变性城市建设形象的观念由发达城市经过大中城市，传递到这里之后，同时等这些中小县市的经济水平具备实力，准备进行大刀阔斧更新

---

❶ 袁昕. 北京历史文化保护区保护研究：[博士学位论文]. 北京：清华大学，1999：17.

❷ 2003 年上海和北京都投资一个多亿人民币，用于城市遗产保护。

❸ 首都北京提出要重点加大力度保护古城，重新划定了皇城内 25 片历史街区，并作了保护规划，作出了在古城内不得随意新建房屋的规定。在上海，2003 年 1 月开始执行《上海历史风貌保护区和优秀历史建筑保护条例》，在确定 398 处优秀历史建筑以后，又公布了第四批 230 处优秀历史建筑。上海市的主要领导在过去的两年，对上海的城市遗产保护工作，指出要用最严格的规章制度和最严格的方法来保护好上海的历史风貌区和优秀历史建筑。引自：阮仪三. 城市遗产保护论. 上海：上海科学技术出版社，2005：238.

的时候，发达城市已经意识到了错误。通过某些途径，保护的理念快速传输到这里，经过一番抗争，这些中小县市在自上而下的压力下，往往紧急刹车而使历史环境在客观上得到了保护。

相对而言，太原市等大多数发展较快的大中城市的历史环境保护状况则处于“哑铃”结构的中间部分。以太原市为例，太原市是一个历史非常悠久的城市，所遗存下来的历史遗迹囊括了《中华人民共和国文物保护法》中“不可移动文物”的全部类型❶。已经被拆除的古城墙曾经被认为是仅次于南京和北京的城墙，城墙的壮观要好于西安古城墙❷。历史街区除了具有北方民居的特点，也曾经受到民国时期西洋建筑的影响具有自身的特色。

然而在国内的一百多座历史文化名城的名单中，却没有太原的名字。这个现象一方面说明这座历史城市已破坏严重，专家认为“历史消逝的教训多于经验”❸。同时，缺乏历史文化名城保护的约束又促进了破坏的加剧，使得城市历史文化遗产的消逝呈现恶性循环。面对这样的现状，很多人认为太原市已经不是历史文化名城了，历史街区也基本没有了，我们也不用保护了，可以放手进行建设开发了。这种普遍观念给太原的历史环境保护带来了更大威胁。

笔者认为任何一代人都没有权利放弃对于历史环境的责任。哪怕是只有很少的一部分，我们也应该寻找相应的措施进行保护。特别是针对太原市这样的处于快速发展中城市的历史环境保护现状，急需要有针对性的研究，特别是应该结合其具体情况，对历史环境保护与改造的过程进行综合地考察。只有这样才能相对客观地对成果和矛盾作出评价，分析并解释其制度结构、功能与变迁的动力，进而追寻一种务实的、切实能够实现保护目标的和谐途径，寻找制度创新的突破点。

1.2 研究目的与理论创新

1.2.1 研究目的

本书试图通过管治理论借鉴、国外保护历史回顾和太原市实证的研究，回答以下几个问题：

（1）城市更新中历史环境变化的根源和动力是什么？

---

❶ 迄今为止，在太原市区1460平方公里的范围内，共设了市级以上的重点文物保护单位67处，其中国家级5处，省级10处，市级52处；此外还有50余处未列入市级以上保护单位的古代遗迹和近代建筑。67处文物保护单位分别属于9种类型，即古文化遗址2处，古城遗址2处，古瓷窑遗址1处，古墓葬4处，石窟3处，古建筑39处，石刻及铸造7处，近代建筑6处，革命纪念地6处。

太原市城市规划设计研究院．太原市文物古迹保护规划文本．2004：2.

❷ 乔含玉．太原城市规则建设史话．太原：山西科学技术出版社，2007.

❸ 引自太原市紫线论证会会议记录，2005.

（2）如何建立社会的合力机制，避免城市更新中对历史环境的破坏？

（3）如太原市这样的快速发展中的城市，其历史环境存在的问题和转机是什么？

1.2.2 理论创新

研究的创新点在于：

（1）首次将历史环境保护同公共物品[1]管治理论相结合进行系统研究

本书的理论部分在综合了历史保护的可持续发展理论、保护管理的法规政策研究、历史环境经营理念、社区及公众参与理论等研究成果之后，首次提出了历史环境保护同公共物品管治理论相结合的思路。如同草原过度放牧的道理一样，作为一种具有非竞争性和非排他性特点的公共物品，历史环境容易在个体理性前提下而产生“集体非理性”的破坏。应对这种“哈定悲剧”[2]，管治理论具有自己的优势。国外的一些学者已经针对“公共池塘”、“天然牧场”等实例，进行了管治的相关实证研究，并取得了丰富成果。本书借鉴这些研究成果，应用于历史环境这种特殊的公共物品中，从全新的视角对历史环境保护提出了操作层面上更加有效的思路。

（2）通过实证调查探索历史环境破坏的深层根源

从国内当前反复发生的历史环境破坏现象入手，运用社会学的调查方法，通过具体案例的实证研究，结合国外的历史环境变迁的经验和教训，探索历史环境破坏的社会背景和经济根源，特别隐藏在背后的相关主体的利益驱动原因。进而提出思路，强调调动各方面的积极性，通过多种机制的整合，使之形成合力，促进历史环境的可持续发展，这是本书之目的所在，也是本书的创新之处。

（3）以太原市为例，对快速发展中的城市进行针对研究

首次对太原市的城市历史环境变化模式进行总结研究。需要注意的是当今国内的历史环境研究有一个趋势，对于北京和上海等大城市的保护研究非常丰富，取得了丰硕的成果，但是对于内地经济相对不那么突出的城市的历史环境保护研究极度缺乏，直接导致了这些城市在具体制定和执行保护政策的时候和决策过程中，缺乏客观可行的研究支撑，而产生基于观念落后的历史破坏。事实上每一个城市都有其自身特点，大城市的保护经验不一定都完全适用于具体的其他城市。本书试图通过历史回顾和具体问题和个案的研究，对太原市的历史保护提出针对性的意见。

1.3 研究方法及过程

1.3.1 源于问题的理论思辨方法

以波普尔为代表的证伪主义者认为：科学始于问题。“无论要做好政府

---

[1] 见本书在第 3 章有关于公共物品概念的论述.

[2] 见本书在第 3 章公共物品难题部分有关于“哈定悲剧”的论述.

工作、行业管理工作、学术研究工作，都必须是以问题为导向，用科学工作的精神和方法，才能求得真果，解决实际存在的问题。”（周干峙）[1]“城市规划工作者，要有哲学家所特有的‘问题意识’。要立足现实，直面问题”（吴良镛）[2]。

从问题到思辨的假说，到对它们的批判，和最终的证伪，然后再到新的问题的前进过程是证伪主义的理论进步过程[3]。

本书基于当代历史环境保护的问题，在旧的保护机制和理论因不适用当前的社会现状而被“证伪”的情况下，通过在理论指导下的对社会现象的观察，提出关于历史环境保护问题的破解方法。同时具备被证伪的可能。

1.3.2　多学科、多理论综合研究方法

本书采用了多学科、多理论的综合研究方法。历史环境保护问题涉及多元的主体，纠缠了多种动机和行为，现实的困境已经验证了物质形态理论和技术研究研究的无力。城市本身就是一个复杂的系统，对城市中任何问题都需要置身于城市的整体背景中进行考察，因此解决问题的方式也不是独立学科和专门理论所能完成的。本研究中借鉴了可持续发展、法规政策研究、城市经营理念、社区及公众参与理论的研究成果，重点借鉴了当今正在很多学科中形成理论热点的“管治”理论。在研究过程中除了运用调查分析方法、归纳总结方法和实证方法外，还运用整体辩证法、综合比较法以及整体分析法等现代研究方法进行研究。

1.3.3　实地调研和“过程——事件”分析方法

实践的经验和事例证明当代历史环境的命运处于多种社会力量的博弈之中，历史保护问题已经由技术问题延伸到社会的领域。正因为如此，本书中的一些实践研究主要采用了社会学、社会人类学的实地调查法[4]，从2005年3月开始在山西省太原市的相关部门进行了为期一年多的实地调查。

由于受课题性质及大部分被调查对象因素的限制，本项研究很难甚至不

---

[1] 仇保兴. 中国城镇化——机遇与挑战. 北京：中国建筑工业出版社，2004：序言.

[2] 吴良镛. 以城市研究与实践推动规划发展——在2004城市规划年会上的发言. 城市规划，2005（4）.

[3] 艾伦·查尔默斯. 科学究竟是什么. http://shss.sjtu.edu.cn/shc/kxjj/ch01.htm. 悉尼，1976.

[4] 实地研究也称田野调查，是一种深入到研究现象的生活背景中，以参与观察和非结构访谈的方式收集资料，并通过对这些资料的定性分析来理解和解释现象的社会研究方式。田野调查的最大优势在于它的直观性和可靠性。在田野调查中，研究者可以直接感知历史保护的主体对象，它所获得的是直接的、具体的、生动的感性认识，特别是参与观察更能掌握大量的第一手资料，这是其他调查方法所不及的。同时，在田野调查中，研究者亲自到调查对象的现场，直接观察处于自然状态下的社会现象，有利于直接了解被研究对象，而且研究者也可在共同活动中与被研究对象中的相关人物建立感情、发展友谊，并在此基础上深入、细致地了解被研究对象表层以下的有关情况及具体表现，这也是任何间接调查方法所不能做到的。

可能通过问卷方法去获取资料，而必须采用观察访谈的方法来收集大量的经验证据及口述资料。在实施访谈过程中，笔者针对不同对象而事先设计好相应的访谈提纲或访谈主题，分别对有关政府官员、基层干部、普通群众及专业人员进行过上百次的深入访谈。而访谈材料的记录则根据不同的情境分别采用现场笔录、录音记录及访谈后的回忆整理三种方式。

为了强调对事件过程和背景的深入体察，不仅从调查中发现问题，而且将问题置于调查的具体场景中展开，以保证理解的完整性，分析中，有些实例采用和借鉴了“过程——事件分析方法”，力图将所要研究的对象由静态的结构转向由若干事件所构成的动态过程，并将过程看做是一种独立的解释变项或解释源泉。同时，“过程——事件分析方法”也涉及对社会事实的一种截然不同的假设，即将社会事实看做是动态的、流动的，而不是静态的。

1.4 相关概念辨析

1.4.1 世界遗产相关概念

1）世界遗产与遗产

“世界遗产”，并非顾名思义泛指世界上的遗产，它是一个专有名词，特指被联合国教科文组织和世界遗产委员会确认的人类罕见的目前无法替代的财富，具体可分为自然遗产、文化遗产、自然遗产和文化遗产混合体以及文化景观。这一概念产生于联合国教科文组织于 1972 年 11 月 26 日通过的《保护世界文化和自然遗产公约》，确定将全世界公认的具有突出意义和普遍价值的文物古迹和自然遗产列入《世界遗产名录》，作为全人类共同的遗产加以保护（阮仪三，2005）。❶ 世界遗产的内容见表 1-1。

世界遗产内容　　表 1-1

世界遗产	文化遗产	文物：从历史、艺术或科学角度看具有突出的普遍价值的建筑物、碑雕和碑画，具有考古性质成分的结构、铭文、窟洞以及联合体
		建筑群：从历史、艺术或科学角度看，在建筑式样，分布均匀与环境景色结合方面，具有突出的普遍价值的单立或连接的建筑群
		遗址：从历史、审美、人种学和人类学角度看具有突出的普遍价值的人类工程或自然与人联合工程以及考古地质等地方
	自然遗产	—
	文化与自然	—
	双重遗产	—
	文化景观遗产	—
	口头与非物质遗产	—

来源：肖建莉. 保护的理性呼唤——中国历史文化遗产保护管理与法规政策研究

❶ 我国于 1985 年加入该公约，那时共有 76 个缔约国，至今已增加到 158 个国家，包括全世界绝大多数的主权国家。引自：阮仪三. 城市遗产保护论. 上海：上海科学技术出版社，2005：238.

世界遗产不同于欧洲的登录制度，它是一种对于遗产保护的典范，没有列入世界遗产的其他遗产同样需要保护，世界遗产组织反对那种对那些尚没有列入世界文化遗产肆意破坏的二元论思想。世界遗产的申请工作，并不是争取一项荣誉和获得某些效益的举动，也不是一种学术性活动，而是一项具有司法性、技术性和实用性的国际任务（阮仪三，2005）。❶

既然世界遗产是一个专有名词，不能统称所有的遗存，如果需要用一个名词来包含世界遗产及没有入选世界遗产名录的对应遗存，笔者认为可以用“遗产”来统称。国内学者提出过类似的想法：假设我们希望建立一个更大的、能够包容“文化遗产”与“自然遗产”的概念，“遗产”是个比较恰当的概念。“遗产”是文物学所有研究对象的共同特征。也是所有对象的基本属性，这个属性既反映了文物的价值特征，也反映了对象的性质特征（蔡达峰，2001）❷。

2）文化遗产与历史文化遗产

从以上图表中可以看出，文化遗产是世界遗产的组成部分。《保护世界文化与自然遗产公约》第一条定义为，“在本公约中，以下各项为文化遗产：第一项为文物，从历史、艺术或科学角度看具有突出的普遍价值的建筑物、碑雕和碑画、具有考古性质成分的结构、铭文、窟洞以及联合体；第二项为建筑群，从历史、艺术或科学角度看，在建筑式样、分布均匀与环境景色结合方面，具有突出的普遍价值的单立或连接的建筑群；第三项为遗址，从历史、审美、人种学和人类学角度看具有突出的普遍价值的人类工程或自然与人联合工程以及考古地址等地方。”❸ 世界遗产中的部分可以称为“世界文化遗产”。

历史文化遗产是一个较为笼统的名词。其提法与“世界文化遗产”的提法有接近的地方，但是却有很大的不同，主要表现在：（1）世界文化遗产具有典范性、唯一性，同一类型的文化遗产只能有一项进入遗产名录，而我们常说的历史文化遗产则是一个简单而通俗的名词，泛指一切关于历史的、文化的遗存；（2）分类方式不同。上述世界遗产所分成五个组成部分中，除了自然遗产外，其余的几个部分（包括文化遗产、文化与自然双重遗产、文化景观遗产、口头与非物质遗产）都可以与历史文化遗产沾边，但是历史文化遗产又无法包含这四个部分。如果硬要把“世界遗产”同“历史文化遗产”联系到一起，就会造成分类上的混乱。所以，应该说“历史文化遗产”这个

---

❶ 引自：阮仪三．城市遗产保护论．上海：上海科学技术出版社，2005：238.

❷ 蔡达峰．论文物的价值观．见：李志铭．文化遗产研究集刊（第二辑）．上海：上海古籍出版社，2001：73.

❸ 肖建莉．保护的理性呼唤——中国历史文化遗产保护管理与法规政策研究：[博士学位论文]．上海：同济大学，2004：9.

名词是与“世界遗产”无关的，缺乏法定定义的概念。作为一个简单而通俗的理解，泛指祖先留给我们的具有历史文化价值的存在。

由于这个词汇在国内出现的频率比较高，我们有必要确定一下它所包括的内容，历史文化遗产包括一切有形和无形的文化遗产，涵盖了世界遗产包含的五项内容。其中经过法律认定的内容包括：文物、历史文化名城、历史文化街区和历史文化村镇，另外还有风景名胜区（肖建莉，2004）。国内学者在研究过程中，有时候将其范围缩小到对应于世界文化遗产部分的“文化遗产”，但是提法依然采用“历史文化遗产”这个名词。

3）城市遗产

将遗产概念限定在城市范围内就产生了城市遗产概念。城市作为一种人工环境区别于自然环境，城市遗产应该不包括遗产概念中的自然部分，从这个角度理解，城市遗产应该包含遗产概念的三个部分：（1）城市的文化遗产；（2）城市的文化景观遗产；（3）城市的口头与非物质遗产。

国内保护专家曾经给城市遗产下了一个定义：城市遗产是指在城市中留存的具有历史文化、科学、艺术价值的实体遗存，如：历史建筑、历史街区和历史环境等，以及非实体的但能反映城市文化、民俗和城市风貌特征的遗存，像上海的海派文化，苏州的吴文化，绍兴的越文化等等（阮仪三，2005）。

1.4.2 国内保护体系相关概念

在文化遗产的范畴内，我国的保护体系共分为：“文物保护单位”、“历史文化保护区”和“历史文化名城”三个法定层次（赵中枢，2003）。❶

1）文物保护单位

文物保护单位是我国保护体系中最早建立起来的层次，与其他国家对文化遗产实行中央政府直接管理的体制相异，中国对文物资源实行属地管理、分级负责的行政管理体制。因此文物保护单位又分为国家级、省级和市级几个级别。这种体制的核心是：在国家法律的统一约束和中央政府有关方针政策的统一指导下，在中央财政的支持下，各级地方政府承担保护本行政区内文物资源的责任，开展有关业务工作（张文彬，2003）❷。

2）历史文化名城

“历史文化名城”这一概念是作为我国对历史文化遗产的一种宣传教育方式和政府的保护策略，是具有明显中国特色和实践意义的概念。《中华人

---

❶ 赵中枢．中国历史文化名城保护理念与规划的若干问题．见：徐嵩龄，张晓明，章建刚．文化遗产的保护与经营——中国实践与理论进展．北京：社会科学文献出版社，2003：177.

❷ 张文彬．新时期中国文物管理的制度建设．见：徐嵩龄，张晓明，章建刚．文化遗产的保护与经营——中国实践与理论进展．北京：社会科学文献出版社，2003：325.

民共和国文物保护法》(1982)第二章第8条把历史文化名城的定义为“保存文物特别丰富，具有巨大历史价值和革命意义的城市。”

国务院于1982年2月8日批转了国家基本建设委员会等部门《关于保护我国历史文化名城的请示》，批准了北京等24个有重大历史价值和革命意义的城市，为国家第一批历史文化名城。自此，“历史文化名城”的概念正式明确提出，历史文化名城保护的研究从此兴起。

此后又于1986年12月，1994年1月，2001年8月，多次增加名单。至今，我国的历史文化名城名单中已经有103座城市。

在国家选定历史文化名城的过程中，依据以下三条标准：(1)城市历史悠久，仍保存有较为丰富、完好的文物古迹，具有重大的历史、科学、艺术价值；(2)城市的现状格局和风貌仍保留着历史特色，并具有一定数量的代表城市传统风貌的街区；(3)文物古迹主要分布在城市市区和郊区，保护和合理使用这些历史文化遗产对该城市的性质、布局、建设方针有重要影响。

如同世界文化遗产一样，历史文化名城作为一个专有名词并不指代所有的历史文化城市，这就导致尚未评上历史文化名城但同时又有一定遗存的历史文化城市不受约束，甚至加剧破坏，还有的城市领导为了防止束缚手脚而不去申报历史文化名城。事实上尚未被选定为历史文化名城的城市也有一些需要得到精心保护的遗产。

3)历史文化保护区与历史地段

在1986年12月8日国务院批转建设部、文化部《关于申请公布第二批国家历史文化名城名单的报告》，首次指出，对文物古迹比较集中，或能较完整地体现出某一历史时期传统风貌和民族地方特色的街区、建筑群、小镇、村落等也应予以保护，可根据它们的历史、科学、艺术价值，核定公布为地方各级“历史文化保护区”。1997年8月建设部《转发〈黄山市屯溪老街历史文化保护区保护管理暂行办法〉的通知》中再次明确“历史文化保护区是我国文化遗产的重要组成部分，是保护单体文物、历史文化保护区、历史文化名城这一完整体系中不可缺少的一个层次，也是我国历史文化名城工作的重点。”❶

4)历史街区

历史街区(Historic Districts)是指在城市(或村镇)历史文化中占有重要地位，代表城市文脉发展和反映城市特色的地区。历史街区可以是古代某时期历史风貌的存留，如北京国子监街；可以是地方或民族特色的体现，如桐乡市乌镇古街；也可以是体现因历史原因而带来的外国的或混合式的风

---

❶ 邢继亮. 历史街区更新改造探讨：[硕士学位论文]. 北京工业大学，2002：7.

格，如广州沙面历史街区❶。

目前。对历史街区概念的理解有以下几点共识❷：

首先，历史街区具有原真性的特征。必须包含有真实的历史遗存，携带着真实的历史信息。

其次，历史街区是具有一定规模的片区，以区别于独立的文物保护单位。

第三，历史街区具有物质属性的同时，也具有社会属性，其中的居民的生活成为历史街区的灵魂。

与历史街区相比较而言，历史风貌地段更加强调风貌景观特征，景观构成元素和历史价值是它的主体内容。历史街区则是在此基础上强调生活的真实性、风貌景观、历史文化价值和真实的社会生活都是它关注的对象❸。

1.4.3 历史环境保护概念

1）定义

历史环境（Historic Environment）保护是文化遗产保护的一部分，从包含的内容来看相当于我国保护体系法定层次中的历史文化名城保护和历史文化街区保护。

历史环境保护，有别于文物保护，保护与历史相关的建筑、建筑群、街巷、广场和历史街区，控制有损当地空间环境品质和景观质量的建设项目，从而为城市历史、建筑艺术作出贡献，进而保护独特的城市个性，提高城市的吸引力（张松，2001）❹。

历史环境的概念 **表 1-2**

历史环境 Historic Environment	历史文化名城、历史地段、历史街区（中国）
	传统的建造物保存地区、历史的町并ゐ（日本）
	Conservation Area（英国）
	Historic District/Area，Historic Town（美国）
	Sectrurs Sauvegardés（法国）
	centri storici（意大利）
	Places of Cultural Significance（澳大利亚）

来源：张松．历史城市保护学导论：文化遗产和历史环境保护的一种整体性方法

❶ 阮仪三等．我国历史街区保护与规划的若干问题研究，城市规划．2001年第25卷第10期，P30.

❷ 刘琼．历史街区保护机制初探：[硕士学位论文]．重庆：重庆大学，2003：6.

❸ 邢继亮．历史街区更新改造探讨：[硕士学位论文]．北京工业大学，2002：7.

❹ 张松．历史城市保护学导论：文化遗产和历史环境保护的一种整体性方法．上海：上海科学技术出版社，2001：13.

历史环境保护概念的提出有两个方面的来源：首先来源于单体文物建筑保护范围的扩展，国内外的保护工作都经历了从文物保护的开始，范围逐渐扩展，保护理念也逐渐宽泛；其次来源于自然环境的保护，认识到同样具有脆弱性，国外自然环境保护观念向历史环境延伸，认为历史环境的破坏是“第三公害”，于是历史环境也必须具有可持续发展的理念。历史环境的概念见表 1-2。

2）特点

历史环境与文物同属于文化遗产的范畴，又同是我国保护体系的一部分，这两个概念有相似之处，但也有很多不同，尽管它们都有对于历史信息原真性的要求，但是要求的标准并不相同。总体说来，历史环境保护有以下几个特点：

（1）历史环境保护的整体性

在人类遗产保护的历程上，曾经经历了从物质遗产的保护到口头与非物质遗产的保护；从文物建筑“点”的保护到群体建筑“面”的保护，保护的范围逐渐扩展。随着保护工作的开展，一些涉及历史的其他元素也应该纳入到历史环境保护的范围当中，比如：历史构筑物、名老字号、古树名木、历史河湖水系等等。这样才能保证历史特色的整体延续。

（2）历史信息的原真性

历史信息的原真性是历史环境保护和文物保护的根本，失去原真性也就等于历史环境的消失，国内外很多的“拆旧建新”的保护实际上是对于历史环境的极大破坏。但是，历史环境保护对于原真性的要求与文物保护的刚性要求不同，具有一定的弹性，要在原真性和其他多元因素之间取得一个平衡。

（3）保护方式的层次性

对于历史环境的保护，国内外都采取了多层次的方法。从一些概念上可以看出保护层次的变化，英国学者 W. 鲍尔认为：所谓保存（Preservation）是指对建筑物或建筑群保持它们原来的样子，而保护（Conservation）主要是指对现有的美好的城市环境予以保护，但在保持其原有特点和规模的条件下，可以对它作些修改，重建或使其现代化。复兴（Rehabilitation）是综合性的工作，包括有选择的保存、保护和改建。目的是改善一个地区的整个环境，方法是采用环境管理、植栽、增建儿童游戏场，停车场等设施，和使一些私人住宅现代化等等❶。保护层次概念比较见表 1-3。

---

❶ 张松．历史城市保护学导论：文化遗产和历史环境保护的一种整体性方法．上海：上海科学技术出版社，2001：13.

保护层次概念比较

<table>
<tr><td rowspan="3">保护．再生</td><td>保存、保护、再利用、更新(中国)</td></tr>
<tr><td>保全、保存、保护、再生、活用(日本)</td></tr>
<tr><td>Maintenance
Protection
Preservation
Regeneration
Adaptation
Adaptive reuse</td></tr>
</table>

来源：张松．历史城市保护学导论：文化遗产和历史环境保护的一种整体性方法

（4）保护目标的多样性

保护的目标首先在于保护历史信息，但是还不仅仅在此，历史环境保护不仅意味着历史文化名城或历史文化保护区的物质环境保护，而且还包括对城市经济、社会和文化结构中各种积极因素的保护与利用。和谐保护既是保护的必要手段又是保护的最终目标。

1.5 研究的主要内容与结构框架

1.5.1 研究的主要内容

第 1 章绪论。介绍本书的缘起，研究目标与理论创新，研究方法与过程，相关概念辨析，提出本书的研究框架。

第 2 章提出了研究的问题。在总结了转型期城市历史环境面临着原真性、整体性消失和更新方式失谐的困境之后，回顾了以往历史环境保护的研究角度。

第 3 章引入公共物品概念。分析了公共物品的特性和面临的“哈定悲剧”难题，随后阐述历史环境保护作为一种特殊的公共物品，也面临个体理性而导致的集体非理性，当前城市历史环境处于多种利益驱动下的快速消失正是这种集体非理性的表现。管治思路是解决这种“哈定悲剧”的重要方式。

第 4 章介绍管治理论。在重点解析了管治的概念、城市管治的理论之后，通过埃里诺．奥斯特罗姆的小规模公共池塘问题的实证研究，分析公共物品管治的关键要素，进而提出历史环境管治的原则。

第 5 章以管治理念为基础探寻历史环境困境的根源。揭示出多元利益主体存在着合力方向的偏离是困境的利益根源，传统体制的束缚造成困境的越位与缺位是困境的责权根源，此外还存在着资金、法规、理念缺乏等支撑的不足。

第 6 章通过个案研究对于太原市当前几种历史环境更新模式进行分析评价，提出需要构建管治思路指导下的多元和谐的历史环境保护和更新模式。

第 7 章研究国外历史环境保护管治的变化。从保护观念演变、管理主体的发展、保护手段的多元这三个方面入手，总结了国外历史环境保护趋势正在走向多元协商的保护。多元协商不仅是保护的手段还是保护的目的。

第 8 章在以上论述的基础上提出历史环境保护管治的研究框架，包括历史环境保护与管治思路的结合，保护管治的目标和原则及具体手段。

1.5.2 研究框架

研究框架见图 1-1。

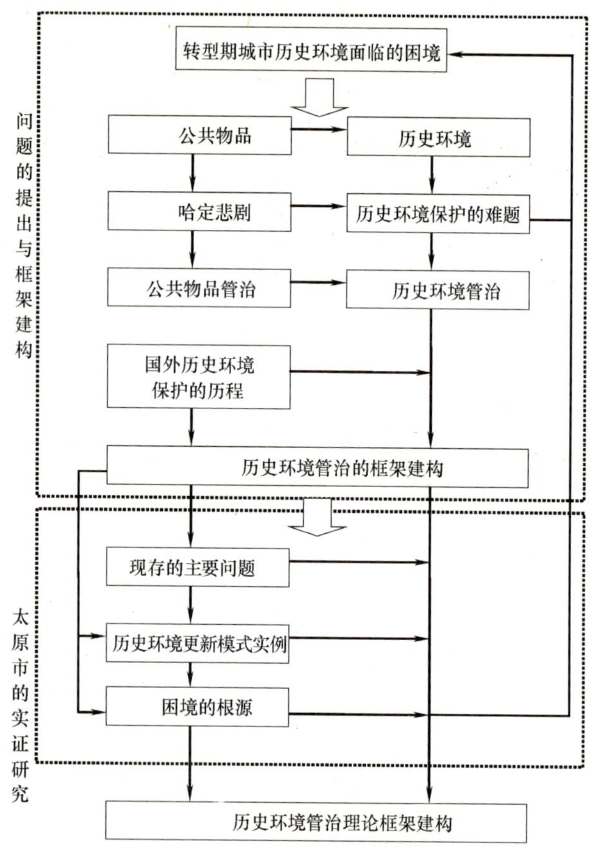

图 1-1

第 2 章　城市更新中历史环境的困境

历史环境的消失是一个无法避免的过程，但是在当代城市更新过程中，我国大多数城市面临着历史环境快速消失的问题，大量的古城风貌和建筑遭到比大自然损坏和战争破坏更加迅速的破坏。这种不可再生的稀缺资源面临枯竭的危险，历史的“年轮”面临“断层”的困境。

本章内容主要包括当代中国城市更新的社会背景分析，城市更新中历史环境的困境，这种困境的实质及危害之所在。

2.1　城市更新的社会背景

当今城市历史环境正处于一种由城市快速更新所带来的危机中。国内这次城市快速更新又正是处于社会经济转型的过程中。一些重要的社会变量出现失调时必定会出现大量的社会问题❶。历史环境管理如同其他事务（企业、政府、非盈利性组织等）管理一样，都不可避免地受转型的影响。

面对城市更新的必然趋势，在当今更新的过程中，城市历史环境已经变得脆弱，它很容易成为利益博弈的牺牲品，于是越来越多的设计师认识到仅仅以少数人的责任心是无法改变转型期背景下快速城市更新带来的历史环境难题，城市历史环境呼唤来自多方面的社会合力。在理论上也需要更多的人来研究中国社会转型期的大背景下各阶层在历史环境中的诉求和话语。

社会转型期新的历史阶段需要在国家和个人之间建立一种公共领域，在此领域内，一方面单质的原子的个人集结起来追求共同的利益诉求，一方面实现对政府的监督和公共事务的参与（王乐夫，2004）。公共管理领域兴起的管治理论研究正是对于这种状态的一种探索，意在构建一个体现传统与现代特征的多元社会。

2.2　城市更新中历史环境的困境

在我国经济的转型时期，城市历史环境经历了一次快速的变化。很多学

---

❶ 罗佳明，周海炜．制度转型期中国文化与自然遗产的管理理念．见：徐嵩龄，张晓明，章建刚．文化遗产的保护与经营——中国实践与理论进展．北京：社会科学文献出版社，2003：378．

者对当前城市历史环境所存在的问题进行了深入思考。

阮仪三认为市场机制本身的缺陷导致历史环境保护面临巨大的挑战，这些问题存在于四个方面：(1) 以“推土机”式开发和“假古董”式利用为主要方式的建设性破坏；(2) 历史遗产的贵族化和社会公平的忽视；(3) 过度商业化；(4) 部分历史遗产的衰败（阮仪三，2005)。其中，除了第二个方面历史遗产的贵族化造成社会公平问题以外，其他三个方面都对城市历史环境的“存在”产生不可挽回的消极影响。

仇保兴认为相当多的历史环境受到不同程度的破坏，有的已经造成了难以挽回的严重后果。主要体现在：(1) 一些古城的历史格局被破坏；(2) 许多历史保护区被挤占；(3) 不少历史街区年久失修、破败不堪；(4) 不注意对文物古迹周围历史环境的保护；(5) 拆毁了一些尚未列入保护等级的遗迹；(6) 建造了一批毫无历史文化价值的假古董（仇保兴，2004)。

尽管出于研究的角度不同，人们对历史环境所存在的问题有不同的表述，但是多种问题经过类型学梳理可以归结为以下几种：(1) 原真性破坏，历史信息消失；(2) 整体性中断，连续感断裂；(3) 更新方式失谐，社会矛盾加剧。

2.2.1 原真性破坏，历史信息消失

城市化进程的加快造成不少历史环境的严重破坏，大规模拆除、毁坏历史环境的事件在很多城市以同样的模式发生，在发展模式的管理思路引导下，当“经济发展”和“保护传统”之间存在矛盾时，很多城市决策者往往选择前者。

1) 历史街区的失修、失养

历史环境所在的区域一般历史比较久远，大部分城市历史环境处于城市核心区域中，其中一般都有很高的居住密度。新中国成立以来一些地方没有能够对历史街区进行定期的全面维护，使得城市内的历史街区大多破败不堪。历史街区内的人口密度过大，基础设施落后，居民居住条件差的现象特别突出。加上居民搭建的一些临时建筑，使得这些地区的居住环境越来越恶劣。政府由于缺乏专项保护资金，只能坐视这类地区的建筑处于一种任其自然破败的状况（仇保兴，2004)❶。

这种现象在全国的很多城市都很普遍，例如福州市的“三坊七巷”、北京市的大多数四合院保护区、苏州的平江府、成都的大慈寺和文殊院等大多数保护区。太原市旧城区历史街区内的一些居住区缺乏必要的市政设施，有

❶ 仇保兴. 中国城镇化——机遇与挑战. 北京，中国建筑工业出版社. 2004：451.

的居民至今还在用扁担挑水，精营街的居民还在使用路边没有上下水的公共旱厕所。

2）“推光头”式大量拆除

城市中具有历史价值的建筑群往往处于城市的核心地段，城市更新中土地的稀缺价值直接促成其被侵蚀，同时由于一些古文化遗迹、近代代表性建筑、名人故居等，由于种种原因发现较晚或还未被发现，或发现不报告，或在利益驱动下明知故犯，导致这些尚未列入保护等级的遗迹被夷为平地，导致难以挽回的损失。

例如，襄樊市在樊城沿汉江北岸进行的汉江大道拓宽改造中，将发现的樊城火星观码头地段一处长约58m、底宽12.5m、高1至4m不等的古城墙遗址拆毁。（仇保兴，2004）。

再如，北京市美术馆后街22号院，是一座被我国权威的文物学家、文化专家侯仁之、吴良镛、罗哲文等称为“集建筑、人文和文物价值于一身”的古老四合院，其价值不容置疑，然而在轰轰烈烈的房产开发大潮中，这座建筑还是在推土机下灰飞烟灭了。（顾伊，2001）❶。

与国内的很多其他城市一样，太原市的历史环境也在成片消失，有专家认为“旧城区内已经基本找不到成规模的街区了”。❷老城区内很多历史居住建筑拆除工作正在进行（图2-1）。类似的实例在全国并不少见。

3）“假古董”式造假

图2-1 太原市永安路拆除中的民居

摄于：2005-1-20

与直接推倒重来的方式不同，还存在着一种看似是保护但是危害更大的破坏：由于误认为新建仿古建筑就对于历史环境的保护，同时在旅游利益的驱动下，在毫无资源基础的空地上复制甚至毫无根据地滥建各种“古迹”、“文化景观”或（历史与神话题材的）“主题公园”，例如，全国多处建造的“西游记宫”、北京昌平十三陵附近的“明皇蜡像宫”等（章建刚，

---

❶ 顾伊．论文物的价值观．见：李志铭．文化遗产研究集刊（第二辑）．上海：上海古籍出版社，2001：116-139．

❷ 引自：太原市紫线规划研讨会专家发言。

2003)。❶ 再如，自北京的琉璃厂以完全拆除原有建筑、进行新建和改建为开端，全国陆续出现南京的夫子庙，承德的清风市场“清代一条街”，开封的“宋街”等许多以新建为主的仿古建设。甚至有的城市要建造“汉街”，（实际上汉代的街是什么样，谁也不知道。）（赵中枢，2003）。还有，普陀山正在建设继普济寺、法雨寺、慧济寺之后的“第四大寺”❷ 都是这类“造假”的翻版（张成渝，2003）。

为了短期的经济利益而推倒真古董建设假古董，使得历史价值被永久破坏，历史环境最重要的原真性被毁坏。更为糟糕的是这种以假乱真的行为给人造成错觉，起着颠倒视听的恶劣效果，改变了公众的正确观念，使得历史环境的保护理念更加难以持续推广。

2.2.2 整体性消失，失去连续感

1）城市快速更新，追求“日新月异”

城市在经济增长模式的主导下，以“一年一个样，三年大变样”为吸引投资的手段和官员政绩，片面理解城市交通等难题，不顾历史环境的个性，对旧城历史环境动大手术。

例如，安阳市的古城只有几平方公里，且较好地保留着明清“府城”的格局，而安阳市却在近几年的旧城建设中，为了解决交通问题，不听专家意见，拆毁了一批有保护价值的四合院，打通了两条宽为 25m、相隔 150m 的大道，破坏了古城的历史格局和原有的空间尺度（仇保兴，2004）。

事实上，城市的老城区一般都延续着传统的历史格局，传统的小尺度的建筑交通空间与现代的快速大容量生活方式存在着巨大差异，如果不从城市整体布局上想办法，不通过新区的疏导作用来缓解城市发展问题，而仅仅在传统城市核心环境中见缝插针地进行建设就会对城市历史环境带来严重伤害。

2）超量建设新建设，破坏遗产周边历史环境

2002 年 4 月 30 日，《人民日报》刊发了文化部、国家文物局等九个部门联合发出的《关于加强和改善世界遗产保护管理工作的意见》。“意见”指出，近年来我国对世界遗产的保护不尽如人意，甚至出现建设性破坏等现

---

❶ 章建刚. 文化遗产的真确性价值与遗产产业的可持续发展. 见：徐嵩龄，张晓明，章建刚. 文化遗产的保护与经营——中国实践与理论进展. 北京：社会科学文献出版社，2003：3-34.

❷ 2002 年 4 月 30 日，《人民日报》刊发了文化部、国家文物局等九个部门联合发出的《关于加强和改善世界遗产保护管理工作的意见》。“意见”指出，近年来我国对世界遗产的保护不尽如人意，甚至出现建设性破坏等现象，超容量开发和过度利用已经威胁到这些珍贵世界遗产的完整与真实。引自：张成渝. “真实性”与“完整性”是遗产保护的基本原则. 见：徐嵩龄，张晓明，章建刚. 文化遗产的保护与经营——中国实践与理论进展. 北京：社会科学文献出版社，2003：76-91.

图 2-2　新建高层对眺望金山视廊的破坏
来源：张松. 历史城市保护学导论

象，超容量开发和过度利用已经威胁到这些珍贵世界遗产的完整与真实。❶

例如，镇江市沿江分布有金山、焦山、北固山，三山遥相呼应，其形态特征已铸成城市重要的标志性轮廓，而名扬中外的金山寺是始建于东晋的佛教圣地，其独树一帜的“寺裹山”建筑风格在我国佛寺建筑中影响深远，但由于近年宗教政策的落实带来香火旺盛，由寺庙方面兴建的大雄宝殿建筑，其体量之大，色彩之艳，无论是对山体环境，还是对原有建筑组群、视觉景观都是极大的破坏（图 2-2，图 2-3）（张松，2001）❷。城市内建设的高层板式住宅也对城市的视线通廊产生严重遮挡。

2.2.3　拆建矛盾加剧，更新方式失谐

前文从原真性和整体性破坏角度，分析了当今历史环境的物质性消失的现象和问题。事实上，在当今旧城历史环境更新中，更加起决定性作用的问题在于更新方式的不和谐。

社会转型期利益关系的主导作用逐渐浮出水面。利益时代的到来，是市场经济机制和社会结构分化两个因素双重作用的结果。当市场取代再分配成为资源配置的基本机制的时候，

图 2-3　金山寺新建大殿对景观的破坏
来源：张松. 历史城市保护学导论

---

❶ 引自：张成渝. “真实性”与“完整性”是遗产保护的基本原则. 见：徐嵩龄，张晓明，章建刚. 文化遗产的保护与经营——中国实践与理论进展. 北京：社会科学文献出版社，2003：76-91.

❷ 张松. 历史城市保护学导论：文化遗产和历史环境保护的一种整体性方法. 上海：上海科学技术出版社，2001：6.

利益的分配已经主要不是取决于国家的意志，而是市场和社会中的利益博弈。同时，社会的分化在加深，不同的利益集团和利益群体正在开始形成（孙立平，2005）❶。在这样的时候，市场和社会就成为利益博弈的基本框架。

围绕利益不同的主体的斗争升级并加剧，历史信息最重要的载体旧城区问题尤其突出。以下是几个引自国内媒体报道的旧城更新中公众与开发商激烈冲突的实例：

1）实例一：北京的涉黑拆迁

9月19日深夜，当喧嚣一天的城市和劳累之后的人们都在寂静中睡去时，家住北京海淀区长春桥的拆迁户大刚一家，忽然间五六人破门而入、家人被手持强光电筒和一米多长木棒的大汉捆住手脚、蒙上眼睛、堵上嘴巴后扔到大门外。黑暗中，轰轰隆隆不到四十分钟，大刚的家顷刻间被铲车夷为平地。海淀区政府有关部门人员表示，此次带有黑社会性质的行为性质非常恶劣，是北京市多年来罕见的❷。

2）实例二：上海的拆迁案件

案发时，杨任上海城开副总经理，王、陆二人系公司员工。法院判定：今年1月4日，杨孙勤授意陆培德，以放火手段恫吓乌鲁木齐路麦琪里住户朱水康一家搬离；同日，陆培德即指使王长坤具体实施。1月9日凌晨，王将汽油泼洒于朱家底楼楼梯处，点火引燃后逃离。大火旋即烧至三楼朱家，致使年逾七旬的朱水康（抗美援朝老战士）夫妇被烧死，朱的儿子朱建强及妻女三人从天窗逃至屋顶，躲过一劫。朱家两位老人因被逼搬迁而罹难，群情激愤，社会各界惩凶之吁不绝于耳❸。

3）实例三：太原的拆迁冲突

本报讯（记者 申波 鹏伟）昨日下午，康乐街南巷蔬菜市场附近发生大规模群殴，现场聚集了数百群众，110“双塔621”小分队民警赶至后，由于人数太多，现场无法控制。随后，又有十余支110小分队赶至现场，场面最终得到控制，打架造成至少3人受伤。一位大妈对记者说：“你们快报警吧，我们实在是没办法了。这一片都是康乐村的住户，几年来，这里一直是拆迁地，可负责拆迁的公司却不停地变换，双方根本没有谈判的时间，可他们就是要强拆，不时有些不三不四的小青年来这里转悠，晚上还有人往住户的玻璃上扔石头，我们住在这里真是心惊胆战。以前他们也纠集人来打我们，今天又来了，还把我们的3个人打伤，最后我们才一齐上了手。后来警

---

❶ 孙立平，中国进入利益博弈时代．经济观察报，2006，2，6.

❷ 王小霞．涉黑拆迁：北京一居民深夜遭绑 房屋被夷为平地．中国经济时报．http://finance.sina.com.cn.2003-09-24.

❸ 戴维．抗美援朝老战士不战沙场战房产 竟被开发商杀死．搜房网．http://www.soufun.com.2005-09-21.

察来了，这些害人精马上就溜了，我们强烈呼吁政府要严惩这些歹徒！”❶

图 2-4 事件现场

来源：申波，鹏伟．太原新闻网．2006-02-17.

类似的事例在全国还有很多，南京的拆迁户翁彪在被强拆后愤然自焚（鞠靖，2003）❷，还有发生开枪杀人的恶性事件（朱忠保，2003）❸，据建设部有关官员披露（见《南方周末》9月4日）：建设部去年（2002年）1～8月受理来信4820件次，其中涉及动迁的占28％，上访1730批次，拆迁占其中的70％，集体上访123批次，拆迁占83.7％，同年1～7月全国因房屋引发三级以上事故共5起，造成26人死亡，16人受伤（周义兴，2003）❹。令人格外关注拆迁中的和谐问题，进而引人思考。

从以上事例中看出，在利益主体的激烈博弈中，任何一方都拼力争取自身的权益。强势主体为了自身利益的最大化，不惜使出违法的手段，公众为了维护自身的利益选择奋力抗争，谁都无暇和无意去保护旧居住区的历史环境。在这种情况下，无论专家学者如何呼吁，无论提出多么美好的保护设想，都不可能得到一致的响应。保护社会环境的不和谐导致了保护工作很难实施。

另外，从保护的目标角度来理解历史环境保护，社区关系的和谐也恰恰是保护整体性所追求的目标，国外历史保护强调历史保护不仅是物质环境的保护，“保护的基本目的不是要留住时光，而是要敏锐地调适变化的力量”(H. L. Gomham)❺。因此对于历史环境中的相关主体的利益关注应该成为我们研究的重要一部分。

2.3 困境的实质及危害

2.3.1 困境的实质——社会合力下的原真性消失

当今国内历史环境的困境在与社会合力下原真性的消失。对于原真性这个概念的认识和理解，曾经经历了一个发展变化的过程。而社会合力正在成

---

❶ 申波，鹏伟．山西太原强制拆迁引发大规模群殴．太原晚报．http://www.sina.com.cn. 2006-02-17.

❷ 鞠靖．外滩画报 2003-09-03. http://www.sina.com.cn.

❸ 朱忠保．关注拆迁立法中的利益导向问题．2003-10-10. http://www.rednet.com.cn.

❹ 转引自：周义兴．警惕城市拆迁中的“灯下黑”．新华网安徽频道 2003-10-03.

❺ 转引自：张松．历史城市保护学导论：文化遗产和历史环境保护的一种整体性方法．上海：上海科学技术出版社，2001：12.

为历史环境存在的决定性力量。

1）原真性的消失

“原真性”这个名词起源于中世纪的欧洲，“Authenticity”来自于希腊和拉丁语“权威的”（authoritative）和“起源的”（original）两词，本义是表示真的、而非假的，原本的、而非复制的，忠实的、而非虚伪的，神圣的、而非亵渎的。在宗教占统治力量的中世纪，“原真性”用来指宗教经本及宗教遗物的真实性❶。有的学者将其翻译为“真实性”、“真确性”还有的翻译为“原创性”（徐嵩龄，2003）。authenticity的反义词是counterfeit或fake，即赝品，因而authenticity的本义是“原件”或“真货”，思罗斯比对真确性的定义是：这种价值与一件艺术作品被真实、原本、唯一地表现出来的事实相关❷。

现代意义上“原真性”概念的使用最早出现于《威尼斯宪章》（Venice Charter，1964）中，之后在欧洲社会逐渐得到广泛认可❸。1994年11月为此专门在日本奈良召开了“关于原真性的奈良会议”，会议制定的《奈良文件》指出：“原真性不应被理解为文化遗产的价值本身，而是我们对古文化遗产价值的理解取决于有关信息来源是否确凿有效”❹。最初，原真性原则对应于文化遗产，完整性原则对应于自然遗产，后来两个原则逐渐得到了结合。

原真性是有价值的，原真性价值不同于真理性价值。相应于符号能指与所指的区分，真理性价值通常属于符号所指的范畴；而原真性价值是针对各种文化符号尤其史迹的能指或载体的。于是，就存在这样的可能性：符号所指中含有的非真理性内容，仍然可能具有百分之百的能指上的原真性价值。例如历史上一本格调低下、内容荒唐的市井小说，其当年的存在与流传是毋庸置疑的；反之亦然，如今天市场上某一非法出版物，它作为载体或能指无理因而需被查处，但其内容很可能充满真理。历史像一场当事人与法官法庭相互审判的诉讼：后人鉴定前人的真理性，而前人则鉴定后人的真诚。这就是原真性的价值❺。

---

❶ 阮仪三. 城市遗产保护论. 上海：上海科学技术出版社，2005：2.

❷ 章建刚. 文化遗产的真确性价值与遗产产业的可持续发展. 见：徐嵩龄，张晓明，章建刚. 文化遗产的保护与经营——中国实践与理论进展. 北京：社会科学文献出版社，2003：3-34.

❸ 张成渝.“真实性”与“完整性”是遗产保护的基本原则. 见：徐嵩龄，张晓明，章建刚. 文化遗产的保护与经营——中国实践与理论进展. 北京：社会科学文献出版社，2003：76-91.

❹ 张松. 历史城市保护学导论——文化遗产和历史环境保护的一种整体方法. 上海：上海科学技术出版社，2003.

❺ 章建刚. 文化遗产的真确性价值与遗产产业的可持续发展. 见：徐嵩龄，张晓明，章建刚. 文化遗产的保护与经营——中国实践与理论进展. 北京：社会科学文献出版社，2003：3-34.

原真性是有层次的，并非所有的历史环境不考虑差别原样保留才是正确选择。比如某些历史建筑仅剩“一张皮”的外立面，某些历史街区没有原居民生活，某些历史环境中没有历史上的生活方式，并不意味着“原真性”的消失。如一些历史建筑，体现其价值的信息就是它的建筑平面形式或外立面细部工艺，只要我们将这两点信息的实体空间保护下来，对于内部装修的改变，使用功能的调整，材料的适当更新、替换，甚至重建都是完全可以接受的，以适应现代的环境条件充分挖掘其各种价值。这种保护在当今社会，尤其是市场经济大背景下才更具意义（李凌岚，2004）❶。原真性的层次的观念，给我们的历史环境保护提出了更加务实的要求，因为有些时候会遇到各种现实的情况，比如十分重要的工程项目与保护相矛盾（如三峡工程建设同一些文物古迹的矛盾），还有保护资金缺乏，或者保护工作与居民意愿违背。在这些情况下务必要从务实保护的原则出发，在确实无法按照高级别的保护标准进行保护的时候，就适当降低标准进行保护，比如，异地迁移集中保护，或将拆下来的建筑构件重新利用等，以求得尽可能的保护。当然这种办法强调在没有办法的情况下才能够降低保护级别和手段，并不能成为随意降低保护标准的借口。

可以发现当前历史环境的消失表现为显性的消失和隐性的消失，“推平头”式拆除，历史建筑周边环境的破坏都属于显性的原真性消失；“假古董”式的旅游导向的开发，表面上维持着历史环境的面貌，实际上是一种“迪斯尼”式的布景，属于隐性的原真性消失。总体说来，以上这两种问题的本质都属于原真性的消失，历史环境失去了其最可宝贵的东西。

2）社会力量主导下的变化

在当今的社会发展阶段，事实已经证明历史环境保护面临的最大敌人不是风霜雨雪等不可抗拒的自然力量，也不是完全缺乏相应的保护技术，而是各种社会主体头脑中片面和错误的认识观念。这是当今中国文化遗产保护发展要解决的首要问题（阮仪三，2005）❷。在主导历史环境命运的观念主体也是由不同的社会力量组成。

城市的形成与发展是城市内外各种力量相互作用的实体化反映。相对于其他文化遗产，城市历史环境受到社会合力的影响更加明显。从较为粗略划分可以看出，城市中有三种基本的社会力量在同时推动和作用于城市环境的演化。它们分别是“政府力”（主要指不同层次的政府机构及其推行的法规、政策）、“市场力”（包括参与城市建设的不同性质的企业如房

---

❶ 李凌岚.“城市经营”理念下的历史文化名城：[硕士学位论文]. 长安大学，2004.

❷ 阮仪三. 城市遗产保护论. 上海：上海科学技术出版社，2005：2.

地产开发公司、物业管理公司、商业经营企业等)、“社会力”(主要包括非政府机构和科研院所、基金会以及社区组织和全体居民)。在实践中这三种力相互作用与制约但又权重不一，常常是有一组力为主因，提出了发展的创意(initiative)，在另两组力的作用下，这一创意受到约束和修正。调整的程度取决于其他两组力的强弱。应该认识到，只有三种力量的良性互动整合，才是城市持续和谐发展之道(杨红伟，2004)。政府主体常常从城市经济发展的需求出发，以城市环境的明显改变为目标；市场中的商业主体以谋取高额利润为最大驱动力，常常以较大的体量和容积率的建筑来置换成片的历史环境；比较而言，目前我国城市中的“社会力”尚处在极其微弱或刚刚崭露头角的地位，但是社会公众已经在城市环境的影响方面日益显示出其作用，尽管这些作用对于历史环境的影响有时候是正面的，某些时候负面的。

社会生态的复杂性与动态平衡，必须依靠各阶层组织与利益团体的持续沟通来形成与维持。好的制度远胜于精英的作用，合理的决策程序与良好的信息交流无疑将是城市化健康发展的必要保证。只有三种力量日趋均衡互动，才能保证综合效益最大，累积社会资本，兼顾社会公平与效率❶。从这一点来讲，强调推动公众参与及社区组织的壮大与对城市建设尤其是旧城改造和历史街区保护具有重要意义。应通过加强教育、案例示范和体制培育，逐步推动“社会力”向积极的方向发展。

2.3.2 困境的危害——不可再生的资源面临枯竭

1)历史环境的价值

历史环境是有价值的，已经有不少理论对历史环境的价值进行了分析。澳大利亚学者戴维·思罗斯比(David Throsby)2001年在其《经济学与文化》(Economics and Culture)一书中对于文化产品(包括历史环境)的价值提到了6种价值，分别是审美价值(aesthetic value)、精神价值(spirit value)、社会价值(social value)、历史价值(historical value)、符号价值(symbolic value)和原真性价值(authenticity value)❷。

国内学者徐嵩龄认为，文化遗产(包括历史环境)的价值特征包含：文化价值，(即美学价值)、思想与宗教价值、历史价值、文化人类学与民族学价值、科学与技术知识价值，原创性价值、符号价值。当这些文化价值通过旅游、观赏、娱乐、体验、休憩等方式而被人们享用时，就形成消费意义上

---

❶ 杨红伟. 快速城市化背景(前景)下的旧城改造与历史街区保护. 2004城市规划年会论文集：城市文化与历史保护.

❷ 章建刚. 文化遗产的真确性价值与遗产产业的可持续发展. 见：徐嵩龄，张晓明，章建刚. 文化遗产的保护与经营——中国实践与理论进展. 北京：社会科学文献出版社，2003：3-34.

的经济价值。因此，可以把遗产价值概括为“文化价值”与“经济价值”两类❶。

美国学者莱普（WD. Lipe）对文化资源价值的论述概括为四种，即经济、审美、联想象征和信息价值❷。我国的《文物保护法》把文物价值归纳为艺术、科学技术和历史三方面。

综合以上学者的研究，可以将包含历史环境的文化遗产的价值归结为艺术、历史、经济等三方面的价值。同时需要注意的是历史环境除了具有以上三种价值以外，还具有承载社会生活功能的社会价值。

关于历史环境的社会价值是其区别于一般文物的特点，因为历史环境除了以上的价值之外，还成在城市的社会生活功能，牵涉的主体众多，多种利益诉求纠缠其中。仅仅对历史环境进行“博物馆”式的保护既不现实也不可行。

历史环境的艺术价值、历史价值、经济价值和社会价值是其最为珍贵的属性，作为不可再生的资源，这些价值遭到破坏将是不可弥补的。

2）历史环境破坏的特征

改革开放后二十多年中，我国大部分城市的物质空间发生重大变化，原来富有特色的城市正在逐渐失去记忆，面貌趋同，许多城市出现文化的失落。许多城市热衷于搞大草坪、大广场、大树进城、造假古董（阮仪三，2005）。众多城市呈现千城一面的窘境。

保护工作存在的突出问题是“建设性”破坏现象越来越严重，已经到了必须严加制止的时候。挑战仍然是“建设性破坏”和“破坏性建设”得不到有效制止，在旧城改造中“大拆大建”带来的破坏非常严重，在许多地方造成的损失已无法挽回（叶如棠，1993）。

著名历史保护专家阮仪三教授、景观规划专家俞孔坚博士等都曾撰文呼吁、批评。认为大拆大建是破坏历史、破坏文化，破坏环境之举，大树移植是“城市化妆”运动的一种现象，如广场之风，景观大道之风一样．有其深刻的政治、历史及社会经济背景，它是中国快速城市化进程的必然，但要防止急功近利、追求速效政绩的行为❸。

当前我国城市遗产消失的特点主要表现为：（1）消失的速度快；（2）消

❶ 徐嵩龄．中国文化与自然遗产经济学：缘起．概念．主要论题．见：徐嵩龄，张晓明，章建刚．文化遗产的保护与经营——中国实践与理论进展．北京：社会科学文献出版社，2003：121-162.

❷ 顾伊．论文物的价值观．见：李志铭．文化遗产研究集刊（第二辑）．上海：上海古籍出版社，2001：116-139.

❸ 张松．历史城市保护学导论：文化遗产和历史环境保护的一种整体性方法．上海：上海科学技术出版社，2001：6.

失的规模大；(3) 错误的方式具有共同的特征。因此我们就有必要反思这种错误的根源，用更有效的行动来改变这种趋势。

3) 不可持续的行为

有专家认为，当前的文物破坏程度甚至超过“文化大革命”时期（章建刚，2003），事实上当前历史环境的破坏程度和速度要超过文物建筑。这可以说是历史环境发展不可持续的第一个类型，即历史资源消耗和供给的不可持续。

另一方面，甚至在急功近利的驱使下，还不时看到“拆除真迹建假景”的双重不智之举。它们都是注定没有信誉的赝品，最终门可罗雀，毫无经济效益可言。这是历史产业发展不可持续的第二种类型，即景观信誉和客源的不可持续❶。

另外不可忽视，历史环境更新过程中社会公平的不可持续。只重视对文物古迹等“器物”的保护，积极对实体历史环境进行保护与维修，但对生活在其中的居民漠不关心，甚至简单草率地要么将他们全部迁走，要么维持落后的生活方式美其名曰保护历史生活原真性。事实上，我们的目标不是仅保存一个物质的躯壳，还需要保存它承载的文化，要有人的活动，要有生活的延续性，因而，历史环境的保护要把居民的需求和利益摆在重要位置，也就是我们常讲的“以人为本”的建设原则。在处理保护与开发、保护与旅游、保护与居民生活等多对矛盾关系时，要以历史保护为基础，旅游开发为手段，并应以彻底改善居民生活居住环境、提高居民的物质和精神生活水平为最终目的。没有开发的保护，是没有根基的保护，没有保护的开发，则是不可持续的开发。保护不是为了过去而保护，而是为了现在和未来而尊重过去，要维持街区历史环境的延续性和历时性，防止其衰老与衰败❷。

历史环境不可持续的现象已经成为一个现实的问题，主要表现为显性和隐性的不可持续。显性的不可持续容易得到重视，而隐性的和非物质性的社会利益和公平的不可持续却容易被忽视，而这种隐性的不可持续所隐藏的危害有时候会胜过明显的破坏。

2.4 历史环境相关的研究综述

当前，历史环境管理的相关研究的主要理论研究主要存在于几个方面：(1) 可持续发展研究；(2) 保护管理法规政策研究；(3) 历史保护经营理念

---

❶ 章建刚．文化遗产的真确性价值与遗产产业的可持续发展．见：徐嵩龄，张晓明，章建刚．文化遗产的保护与经营——中国实践与理论进展．北京：社会科学文献出版社，2003：3-34.

❷ 刘琼．历史街区保护机制初探：[硕士学位论文]．重庆：重庆大学，2003：59.

研究；(4) 社区及公众参与的研究等。

其中可持续发展理念强调了保护的延续；保护管理法规的研究强调了政府的职能转换和保护管理手段的研究；经营理念强调了市场的介入；社区理念强调了从居民角度出发的小规模的渐进的改造。

本书首次提出了历史环境保护的管治理念。管治理念并不排斥以上观点的正确，而是从更加综合的角度，强调处于多种因素环境中的多元和谐观点。

2.4.1 可持续发展理论的研究视角

随着人类社会的发展，人们认识到自身存在的环境资源是有限度的，在自然环境保护方面首先建立了基于"代际伦理"的可持续发展观。当人们认识到历史文化资源如同自然资源一样具有不可再生的特性之后，将历史资源也加入到这个可持续的保护体系之中。

美国法学教授 E. B. 魏伊丝女士在她 20 世纪 80 年代的著作《未来世代的公正：国际法、共同遗产，世间公平》中，提出了关于环境的世代间平衡的三条保护原则[1]：(1) 要求各世代就像将来世代在自己解决自身的问题，实现自己的价值之际不对利用可能的选择作不当的限制那样，保护自然、文化的资源基础的多样性。各世代有享有与前世代所享有的多样性相当的多样性权利；(2) 要求各世代要像继承不比现世代状况更差的地球那样维持地球的质量，并且有享受相当的地球质量的权利；(3) 各世代应当将过去世代继承的遗产平衡的使用权赋予各个成员，为了将来世代要保护这种使用权。

当然，不论是自然保护主义者和历史资源保护主义者都无法阻挡社会向前发展的趋势，发展是社会的总的方向。保护与发展的问题构成了可持续发展的主要研究内容。对于历史环境保护领域来说，保护与发展的结合是当代几乎所有实践的目标，剥离了发展的保护是注定会行不通的。充分考虑发展的历史环境保护也是一种务实观的体现。

2.4.2 保护管理法规政策研究视角

针对当前国内历史环境及文物保护单位保护管理出现的一些问题，国内的一些学者进行了针对性的研究，通过实证研究并借鉴国外相对成熟的保护法律制度，重点希望解决文化遗产的保护管理法规方面的问题。

阮仪三、周俭、张松、李其荣等学者都在专著中对于保护法规进行了较为系统的研究，其中较有代表性的肖建莉提出中国历史文化遗产保护管理与法规政策的改进思路：(1) 在完善现有管理体制的基础上建立"双轨并行，分级管理"的管理主体的模式，细化和丰富管理对象。(2) 提出管理手段的

---

[1] 转引自：张松. 历史城市保护学导论：文化遗产和历史环境保护的一种整体性方法. 上海：上海科学技术出版社，2001：30.

模式是“以法律手段和行政手段为主，经济手段与宣传手段辅助”的多手段综合管理模式。(3) 提出历史文化遗产保护行政管理模式，并提出“应该把遗产保护管理纳入城市规划管理体系，成为城市发展战略的重要组成”的观点。(4) 最后建议通过综合多种手段，建立遗产管理者、经营者、使用者和所有者的合作关系，并需要有相应的政策保障。

2.4.3 市场经营管理思维研究视角

针对我国当前历史环境保护范围扩大与资金短缺的矛盾，引入市场要素这只“看不见的手”对历史保护进行资源调节成为一些学者研究的重点。这也是我国关于城市经营研究方向的一个分支。城市经营思维要求城市管理者要像经营企业一样来经营好一座城市，以保证城市公共利益的最大化。虽然城市历史环境作为城市的一部分，但是由于它所具有的原真性、整体性等要求以及其不可再生的脆弱，使得历史环境的经营与城市经营又有很多不同，这需要将它与城市经营脱开进行研究。

历史环境经营思路不同于以建成环境为对象的城市管理，也不同于以土地利用为核心的城市开发，它是以包括土地、建成环境、人文景观及精神环境在内的多种资源为基础，以恢复街区活力为最终目标。历史环境的建筑风貌资源与人文资源是经营的物质基础，而经营手法多样：(1) 功能调整，以适应现代社会生活的要求；(2) 建筑再利用，使历史建筑重新焕发历史的光辉；(3) 开发利用人文资源，大力发展旅游经济、文化产品经济等新的经济形式（刘琼，2003）❶。

历史环境经营思维的意义主要存在于以下几个方面：(1) 协调平衡各方利益；(2) 优化资源配置；(3) 充分体现名城的综合效益；(4) 防范“规划失效”；(5) 拓宽投资渠道（李凌岚，2004）❷。

2.4.4 社区及公众参与的研究视角

历史环境保护范围广泛，其社会特性要求关注生活在内的公众的参与和主导。对社区研究的关注反映了历史环境的社会学本质，为其可持续发展提供了精神环境的保证。社区理念与协调原则是历史环境保护性更新的社会学基础，也是历史保护与更新的和谐之本。

传统的自上而下的保护面对历史文化名城包容的丰富的历史文化内涵，表现出它的偏颇和局限性。因为：(1) 历史环境中所蕴含的哲学、历史、文学、宗教、艺术、天文、地理、经济、民俗的众多学科门类的内容，需要众多的各类专家学者和民众共同参与才能得以诠释；(2) 从经济角度看，政府无力负担全部保护、整治资金。国内外经验表明，在政府宏观调控措施下，只要明确各方投资和利益的关系，多渠道的筹措资金之路是可行的；(3) 从

---

❶ 刘琼. 历史街区保护机制初探：[硕士学位论文]. 重庆：重庆大学，2003：12.

❷ 李凌岚.“城市经营”理念下的历史文化名城：[硕士学位论文]. 长安大学，2004：5.

社会角度看，公众参与立足于大众的，有利于调动公众的积极性，使保护规划真正建立在广泛的群众基础之上，这是保护能否贯彻实施的关键。❶ 可以说历史环境的多样性本身就来源于多元主体的丰富多彩的生活。历史环境的延续也只有立足于此才能产生富有生命力的建筑和环境。

基于社区理念和公众参与思想，国内很多专家作了丰富的理论研究和针对性的实证探索。1979 年吴良镛先生在什刹海地区规划研究中提出“有机更新”的理论构想，并在十多年后的“菊儿胡同住房改造工程”中对这一理论进行了实践。在强调以居民为主体的旧城发展理论基础上，社区发展、居民合作社和小规模自助式改造也被公认为旧城保护与发展的可行途径（曲蕾，2004）❷。

2.4.5 本书的研究视角

在对以上理论和研究进行了广泛阅读和系统学习之后，针对具体历史环境保护工作中出现的问题，并结合 1990 年代之后国际上兴起并已经被国内城市规划和人文地理专业广泛研究的城市管治（也有人叫做治理）思想，本书首次提出了历史环境保护工作的“管治”思路。

关于管治理论，在本书后面的章节中将有较为系统的介绍，这里首先提出历史环境保护工作结合管治思路的必要性。

（1）内容方面：历史环境保护不同于文物保护，其涉及的内容十分广泛种类非常丰富，管治思路强调多元的特点，能够契合历史环境内容的纷繁复杂的特点。

（2）主体方面：历史环境保护工作量大面广，原来的一元的政府统一管理或二元的政府结合市场的管理方式都无法适应历史保护工作，管治思路所强调的自上而下同自下而上相结合的多元决策方式能够较好地适应变化的情况。

（3）手段方面：管治思路的引入，改变了以往以约束为主的僵硬的管理模式，多以引导、协商或自主的方式进行运作，容易激发公众的合作热情，在和谐的气氛中达到保护的要求。

（4）目标方面：历史环境的整体性保护认为，保护的目标除了物质环境的保护还包括社会和公众利益的和谐发展。这一点与管治理论的目标不谋而合。

因此，将管治理论引入到历史环境保护之中具有丰富的理论价值和实践价值。

---

❶ 李凌岚.“城市经营”理念下的历史文化名城：[硕士学位论文]. 长安大学，2004：5.

❷ 转引自：曲蕾. 居住整合：北京旧城历史居住区保护与复兴的引导途径：[博士学位论文]. 北京：清华大学，2004：7.

第3章 历史环境的公共物品特性

历史环境是一种公共物品，在个体理性群体非理性选择下面临被破坏的危险。同时由于历史环境又不同于自然环境，其破坏具有不可逆的特性，于是从公共物品角度分析历史环境面临的困境并及时寻求解决之路就显得十分重要。

3.1 公共物品的概念

3.1.1 公共物品的概念

公共物品理论是财政学或者公共经济学的基础性理论之一。

从社会资源的生产与消费、成本与收益的分析角度，可以将社会资源分为私人物品（private goods）和公共物品（Public goods）。私人物品是指在消费上具有排他性和竞争性，消费和生产是可分的，也就是说有可能界定私人物品的产权。而公共物品是指在消费上具有非排他性和非竞争性，也就是说，公共物品的消费具有不可分性，不可能有效地界定产权，而且，在一定范围内，不论消费量的增减，都不会影响公共物品供给的边际成本的变化❶。

公共物品与私人物品的区别可以通过图 3-1 表现出来，图中的 a、b 分别表示两个市场中消费者对不同物品的需求状况，无论是私人物品市场还是公共物品市场，市场总需求都是消费者支付意愿的加总，但显然它们的加总对象是不同的。从图 3-1 中可以看到，私人物品市场中，市场总需求曲线是两个消费者各自需求曲线的水平加总，而公共物品市场中，市场总效用曲线则是两个消费者各自效用曲线的垂直加总。这是因为对于私人物品而言，由于消费是排他性的，所以总消费量应该是在各个价格水平上两者消费量的总和，因而最后的消费曲线是 BEF；而对于公共物品而言，消费是非排他性的，不同的消费者可以消费同一公共物品，所以我们不能对不同的消费量进

❶ 段华洽. 试论公共物品的供给方式. http://www. gmw. cn/03pindao/lunwen/show. asp? id=3256. 2006.

行加总，但由于在各个效用水平上消费者的支付意愿不同，故我们可以对在各个效用水平上的支付意愿进行加总，从而得出最后的消费曲线 HGD（方巍，2004）❶。

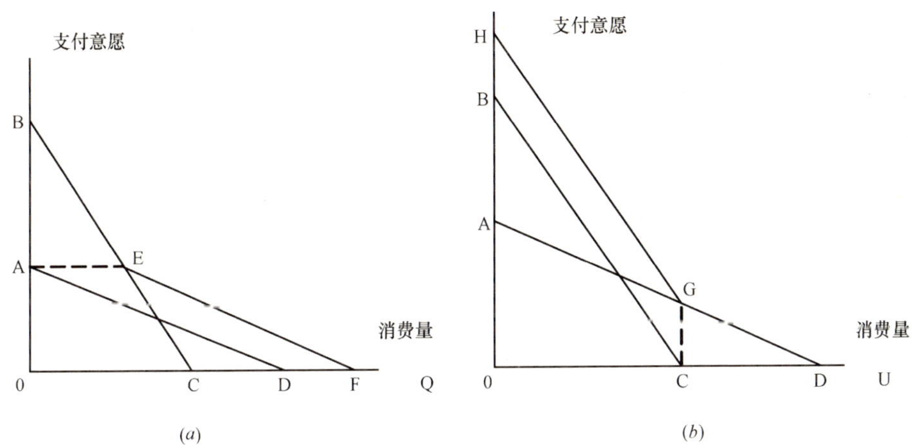

图 3-1　支付意愿的加总

来源：方巍．公共产品与环境质量

（a）私人物品支付意愿的加总；（b）公共物品支付意愿的加总

考察公共物品理论的发展历史，以下三种定义最具有代表性：

（1）萨缪尔森的定义，1954 年，萨缪尔森发表了《公共支出的纯理论》一文，提出了公共物品比较精确的分析性定义，由此正式奠定了公共物品理论研究的现代基础。按照萨的观点，所谓公共物品就是所有成员集体享用的消费品，社会全体成员可以同时享用该物品，而每个人对该物品的消费都不会减少其他成员对该物品的消费，或者说“公共物品是这样一些物品，无论每个人是否愿意购买它们，它们带来的好处是不可分割地散布到整个社区。”❷

（2）奥尔森的定义：1966 年奥尔森发表了《集体行动的逻辑》一书。书中认为：公共物品是这样一种东西，公共物品一旦存在，每个社会成员不管是否对这一物品的产生做过贡献，都能享受这一物品所带来的好处。公共物品的这一特性决定了，当一群理性的人聚在一起想为获取某一公共物品而奋斗时，其中的每一个人都可能想让别人去为达到该目标而努力，而自己则坐享其成。这样一来，就会形成中国俗语所说的“三个和尚没水喝”的

❶ 方巍．公共产品与环境质量．http://www．cees．fudan．edu．cn/teaching/download/undergraduate-courses01 _ 02/hjjjx04．doc．2004．

❷ 刘筱．转型时期中国城市公共服务业管治研究——以广州为例：［博士学位论文］．广州：中山大学，2004．

局面[1]。

（3）布坎南的定义：在《民主财政论》一书中，布坎南指出“任何集团或社团因为任何原因通过集体组织提供的商品或服务，都将被定义为公共物品。”公共物品作为一个经济学的概念通常以不排他性和消费的共同性为标准来定义，即公共物品是共同消费，难以排他的物品。以服务形式存在的公共物品就被称作公共服务（刘筱，2004）。

总结一下经济学中的“公共物品”的概念：“公共物品是这样一种物品，再增加一个人对它分享时，并不导致成本的增长，而排除任何个人对它的分享都要花费巨大的成本”。这些特征使得对公共物品的消费进行收费是不可能的，因而私人提供者就没有提供这种物品的积极性。（肖建莉，2004）[2]。从以上这些比较权威的定义可以看出，公共物品的非竞争性和非排他性的特征使得单纯依靠市场或单纯依靠政府都无法完成对公共物品的合理配置。

3.1.2 公共物品的特性

世界银行在《1997 年世界发展报告：变革世界中的政府》中指出：公共物品是指非竞争性的和非排他性的货物。这就是公共物品的两个基本特征：

1）具有消费上的非排他性（Non-Rivalness）

非竞争性是指一个使用者对该物品的消费并不减少它对其他使用者的供应，非排他性是指使用者不能被排除在对该物品的消费之外。物品的竞争性（Rival）是指某一物品被某一人消费后即无法再让他人享用，也就是说如果要增加一个消费者的消费就必须增加物品的数量，从而增加物品的生产成本。与竞争性相对的物品的非竞争性（Non-rival），则是指某一物品供某一人消费后还可以由其他人来消费，并且其他人的消费不会降低该人对这一物品消费所获得的效用，也就是说在给定的某一物品的产出水平增加一个消费者来消费该物品不会引起物品生产成本的任何增加。

消费上的非竞争性，即在给定的生产水平下，向下一额外消费者提供物品的边际成本为零，某人对公共物品的消费并不影响其他人同时消费该物品获得的效用。例如，一个城市或区域大气质量的改善，使 A 呼吸到新鲜空气的同时，不会减少 B 和其他居民享受新鲜空气带来的好处。

2）具有消费上的非竞争性（Non-Excludability）

物品的排他性（exclusive）是指某人在消费某一物品时可以排斥其他人对该物品的消费，相对的，非排他性（no-exclusive）指对某一物品的消费

---

[1] 赵鼎新．集体行动、搭便车理论与形式社会学方法．社会学人类学中国网．http://www.sachina.edu.cn/htmldata/article/2006/02/833.html．2006-02-09．

[2] 肖建莉．保护的理性呼唤——中国历史文化遗产保护管理与法规政策研究：[博士学位论文]．上海：同济大学，2004：39．

不能排斥其他人对该物品的消费，或是通过收费等方式限制任何一个消费者对该物品的消费是非常困难的，甚至是不可能的。

公共物品和私人物品的区别　　表 3-1

私人物品	公共物品
相对易于衡量量和质	相对难以衡量量和质
只能由一个人消费	同时或者准同时由许多人共同消费
易于排除未付费的人	难以排除未付费的人
个人一般可选择消费或者不消费	个人一般不能选择消费或者不消费
个人一般可选择物品的种类和质量	个人对于物品的种类和质量 几乎没有或完全没有选择
对于物品的付费与需求和消费密切相关配置	对于物品的付费与消费或者需求没有密切关系
决策主要依靠市场机制做出	配置决策主要通过政治程序做出

来源：刘筱．转型时期中国城市公共服务业管治研究——以广州为例

众多学者把物品按竞争性和排他性的不同可以划分为公共物品和私人物品。综合他们的性质和特点，我们在（表 3-1）列出二者的区别。在这些性质中，最终决定公共物品性质的是它是否可以同时或者准同时存在多人共同消费，是否难于排挤出未付费者。前者是公共物品的可共享性，后者是难控制性（刘筱，2004）❶。

3.1.3　公共物品的分类

依据公共物品的不同属性，存在多种分类方式，可以将公共物品分为不同的类型。

1）纯公共物品和准公共物品

如果一种物品完全满足公共物品的以上非竞争性和非排他性特征，这种物品就是纯公共物品。如国防、灯塔和空间技术等，称之为纯公共物品。但是，在很多情况下，物品的以上两个特征不一定同时存在。如果某种公共产品只存在一个特征，如电力、义务教育等，可称为准公共物品（或准私用品），即准公共物品。例如，一座桥梁，在车辆并不拥挤时，消费具有非竞争性；但是，如果设置了关卡，只允许有通行证或交费的车辆通过，则消费上就具有排他性。相反，如果一座桥梁允许自由通行，消费上不具有排他性，但在车辆拥挤时，消费上就具有竞争性。因此，整个社会的物品可以划分为三大类，即纯私用品、纯公用品和准公共物品（表 3-2）❷。又如，消防

❶ 刘筱．转型时期中国城市公共服务业管治研究——以广州为例：[博士学位论文]．广州：中山大学，2004．

❷ 郭庆旺，赵志耘．财政理论与政策．北京：经济科学出版社，1999：69．转引自：http://202．113．23．180：8070/Management/Part2-5/2-5-1．cfm．2006．

是一种相对容易排他的物品——拒绝向消防部门付费的人完全可以在火灾中得不到帮助；但消防又很像是一种公共物品，因为它在消费上是非竞争的，即增加一个人对它的分享所花费的成本是低的，在大多数时间里，消防队员不是在扑救火灾，而是在等待电话，保护一个新增的个人只需花费很少的追加成本，只有在很少的事件中，如当两起火灾同时发生时，为了保护新增加的一个人所追加的成本才会很大。于是我们可以看出，公共物品是一种抽象概念，并非绝对，在不同的情况下还有中间状态，同时在某些情况下还可以向相反方向进行转化。

纯公共品、纯私用品和准公共物品的划分　　表 3-2

	排他性	非排他性
竞争性	纯私用品 1. 排他成本很低； 2. 由私人企业生产； 3. 通过市场分配； 4. 资金来源是销售收入； 例如：食品、衣服等	准公共物品 1. 集体消费，但是存在着拥挤； 2. 由私人部门生产或直接由公共部门提供； 3. 通过市场或国家预算分配； 4. 资金来源是销售收入或税收收入； 例如：公园、公共游泳池、公共产权资源（如城市绿地）等等
非竞争性	准公共物品 1. 具有外部性的私用品； 2. 由私人企业生产； 3. 通过市场分配，辅之以补贴或校正性税收； 4. 资金来源是销售收入； 例如：学校、交通系统、社会保障、接种疫苗、有线电视、非拥挤性桥梁等等	纯公用品 1. 排他成本极高； 2. 直接由政府提供或在与政府签约情况下由私人企业生产； 3. 通过国家预算分配； 4. 资金来源是强制性税收收入； 例如：国防、法律制度、社会治安、环境保护等等

来源：郭庆旺，赵志耘《财政理论与政策》，转引自：http://202. 113. 23. 180：8070/Management/Part2-5/2-5-1. cfm. 2006

2）拥挤和非拥挤类公共物品

这是根据公共物品的非竞争性程度来进行分类的。具体的说是根据公共物品对消费者有无数量限制来区分的。有的公共物品以全体社会成员为消费主体，对消费主体的数量没有限制，如国防、空间技术、天气预报等物品，称为非拥挤类公共物品。而拥挤类公共物品则对消费主体的数量有一定的限制和容量，在一定的容量内，该物品的消费具有非竞争性，超过了这个容量，该物品就会出现拥挤现象，消费开始产生竞争性，消费者获得的效用就会减少。比如一座桥梁，在经过的人数相对较少的时候具有公共物品的特性，但是在很多人同时使用的时候就具有典型的私用物品的特征。

3）广义的公共物品和狭义的公共物品

依据有形或无形、直接或间接、显性或隐性的特点常用的公共物品的概念可以分为广义的公共物品和狭义的公共物品。广义的公共物品不仅包括天然的资源以及接近于市场经济下的国家职能或政府职能的含义，如：天然牧场、清新的空气、国防、公共交通、环境保护、公共教育、社会治安、公园等有形物品和服务，而且包括制定和实施法律，维持社会基本秩序；界定产权，保护产权；保证宏观经济稳定；调节收入和财富的公平分配等无形的物品和服务。而狭义的公共物品仅指前者。使用中，关于公共物品的研究大多采用的是广义的概念，有时只是为了量化研究的需要或举例的方便才采用狭义的概念。

4）集体类和市场类公共物品

根据公共物品的提供方式来划分，我们可以将公共物品分为集体类和市场类公共物品。所谓提供方式是指消费者取得物品消费权的付费方式，大致有两种，一种是由政府通过税收来筹集资金以支付物品的生产成本，向公众免费提供该物品，如国防、行政管理；另一种是消费者通过市场途径采用付费购买方式取得物品的消费权，如自来水、电力、煤气等。

除了上述两种基本提供方式外，公共物品还有混合提供方式，主要是指义务教育、公共图书馆、公园等有着明显正的外部性的公益物品。这些物品不仅能够给消费者带来收益，同时也具有较大和明显的社会效益，这些物品的收费适合采用混合收费的方式，即由政府和个人分别按照消费所获得的私人内部效益和社会外部效益的比例来承担公共物品的成本（方巍，2004）❶。

3.1.4 公共物品的多元供应

在经济发展过程中，私人物品由市场提供，公共物品由政府提供或管理的观念一直作为主流的观点而存在，其原因在于公共物品消费的非竞争性和非排他性及市场失灵的特点。它决定了公共物品不能由私人生产和供给，私人交易市场不能实现公共物品的最优配置。公共物品传统上都是由政府提供的，这主要是政府“看得见的手”的权威所决定的，由于公共物品的本性导致搭便车难题，认识到只有政府可以承担解决这个问题的职责，所以公共物品供应，一度得到了凯恩斯主义支持。

市场失灵为政府干预提供了基本依据，但是，政府干预也非万能，同样存在着“政府失灵”（government failure）的可能性，用林德布洛姆的话说就是政府“只有粗大的拇指，而无其他手指”。政府失灵一方面表现为政府的无效干预，即政府宏观调控的范围和力度不足或方式选择失当，不能够弥补“市场失灵”维持市场机制正常运行的合理需要。比如对生态环境的保护不力、缺乏保护公平竞争的法律法规和措施，对基础设施、公共产品投资不足，政策工具选择上失当，不能正确运用行政指令性手段等，结果也就不能

---

❶ 方巍. 公共产品与环境质量 http://www. cees. fudan. edu. cn/teaching/download/undergraduate-courses01_02/hjjjx04. doc. 2004

弥补和纠正市场失灵；另一方面，则表现为政府的过度干预，即政府干预的范围和力度，超过了弥补“市场失灵”和维持市场机制正常运行的合理需要，或干预的方向不对路，形式选择失当，比如不合理的限制性规章制度过多过细，公共产品生产的比重过大，公共设施超前过度；对各种政策工具选择及搭配不适当，过多地运用行政指令性手段干预市场内部运行秩序，结果非但不能纠正市场失灵，反而抑制了市场机制的正常运作❶。

近二十年来，发达国家在原有的公共物品单一供给基础上有了一个飞跃，供给主体从单一的政府过渡到多元化，不仅有来自于市场的力量，同时还有非政府非营利部门的参与，广大市民社会起到了巨大的作用，因此，公共服务带有了显著的混合经济的色彩，并且导致了不仅仅是经济领域同时包括更为深刻的政府领域的重大变革。传统的国家、市场和社会三者关系发生了根本性的改变，从一体化、集权化过渡到多元化，多中心的秩序，模拟市场机制等，公共服务的生产者、供给者以及消费者之间的关系有了新的定义（刘筱，2004）❷。从中我们可以认识到公共物品的有效供应不仅应该由政府提供，市场和社会力量也能够发挥重大力量，并且这些力量越来越变得不可或缺。

3.2 历史环境是一种特殊类型的公共物品

3.2.1 历史环境的公共物品共性

作为一种文化生态类的公共物品，历史环境类似于清新的空气和茂密的森林，具有消费上的非竞争性和管理上的非排他性。对它的破坏被称作“第三公害”。历史环境具有公共物品的特性：非竞争性和非排他性。

1）非竞争性

历史环境是历史遗留下来的包含建筑或其周边的组成部分的一种实体传承物，在一定得范围内而言，相关主体可以共享其带来的效用。比如它可以被大家平等欣赏，正如维克多．雨果在1825年的一次演讲中说到：“建筑由两部分组成，他的用途和他的外表。建筑的用途属于他的主人，而他的外表则属于每个人。”此外它的衍生价值也可以被大家平等地使用，比如一座古迹周围村民通过建设自家的农家乐来获取经济利益就如同在草原上的牧民共享草场放牧一样。这体现了历史环境的非竞争性。

2）非排他性

历史环境的延续将惠及当代及后代，历史环境的艺术价值、历史价值、

---

❶ 市场失灵、政府失灵与政府干预．引自：我的论文网 http://wt．wdlww．com/thesis/data/2006/0531/article_49．html．2006

❷ 刘筱．转型时期中国城市公共服务业管治研究——以广州为例：［博士学位论文］．广州：中山大学，2004

经济价值和社会价值使当代和后代受益，没有人会被排除在外。假使历史环境的一些价值可以有排他性，排除的成本也会很高。比如平遥被评为世界遗产之后，仅仅旅游带来的收益就使全城的居民都受到了好处，餐饮、导游、纪念品等解决了大量的就业，带来了很多的直接收入，没有人不会为此受益。从更长远的角度来说，古城的保护惠及后人，没有什么人的后代会被排除在古城延续的所带来的多种利益之外。

3.2.2 历史环境异于一般公共物品的特性

历史环境作为一种特殊的公共物品又具有自身的特殊性，主要表现为：

1）不可再生性和非市场性。历史环境不可能被复制或再生，新建的仿制品因为缺乏原真性而毫无历史价值，因此可以认为历史环境具有绝对的不可再生性，从而具有明显的非市场性。

2）发展变化性。历史环境中的历史建筑、历史文化街区、村镇和历史文化名城等环境中仍然存在着大量的使用人员，人类的生存活动给历史环境带来不断的变化。在历史环境保护过程中，无法为了保护而绝对避免人员的使用，于是在使用中的保护就成为历史环境延续中的一个重要课题。

3）社会文化性。历史环境从其名称中就可以判断出它是一个与社会文化密切相关的内容，正因为它与社会文化的密切关系，使得其受到文化传统或时尚潮流的影响。对其评价也需要在一个更加宽广的时空范畴和历史环境进行。

由以上分析可以看出，历史环境具备了公共物品的共同特征，同时也具有一定的特性，可以被看成是一种特殊类型的公共物品。

3.2.3 历史环境保护工作的特征

作为公共事业一部分的历史环境保护工作具有公共事业的特性，包括非营利性，公共性、长期性，规模性和系统性。同时由于历史环境具有自身的特殊性，特别是其不可再生的原因，它又具有自身的特性，表现在保护工作中就体现了强制性、多样性和丰富性等特点。

（1）历史环境保护的非营利性

历史环境保护工作的顺利运行除了政府的管理协调以外，通过市场运作获取保护运转所需要的经济支持是保护工作的一个重要手段。但是由于历史环境保护的对象是不可再生的有限资源，需要传承历史信息；保护的目的是作为一种公共服务来满足人们日益增长的精神文化需要，所以其非营利性成为高于市场手段的重要工作。

（2）历史环境保护的公共性

历史环境传承的受益者是全体大众。从宏观角度来说所有的社会成员可以欣赏到历史环境的内容，接收到具有原真性特征的历史信息。从微观角度来说，与历史环境紧密接触的社会群体又有可能获取直接或间接的经济利益。总体说来，历史环境所带来的利益是社会公众共享的，在一定程度上具有资源的非竞争性和非排他性，因此历史环境的保护工作需要由公共部门的参与才能够正确进行。

(3) 历史环境保护的长期性

由于保护工作的技术要求程度很高，其修缮、整治需要一定的周期，决定了历史环境的保护是一项长期的工作，而非一蹴而就。如日本很多保护完好的历史街区往往要花相当长的时间整修一遍，而当修完最后一幢房子的时候，第一幢整修过的房子又要重新修缮，于是新一轮的整修又开始了。从历史环境保护的对象来看，随着时间的推移，符合条件的对象会不断地被挖掘而涌现出来。比如说对历史建筑，把五十年以上的老房子定义为历史建筑及要保护的对象的条件之一，即使所有的符合条件的房子都被发现而列为历史环境加以保护，随时间的推移，又有一批批新的符合该条件的建筑被列入历史环境，因此历史环境的保护对象也是不断涌现的，使得历史环境的保护工作具有长期性的特点。

(4) 历史环境保护的规模性和系统性

历史环境保护工作包括的范围十分庞大，建立一个完善的历史环境保护体系需要大量的投入，而且大部分属于经常支出，其规模性要求较强的投资能力。从保护对象来看包括单体（单个文物保护单位、登录建筑）、保护区（历史文化街区、村镇）和历史城镇（历史文化名城），是一个完整的体系。从管理来看，历史环境的保护需要一套完整的管理体系，该事业的发展必须打破条块分割、各自为政的状况，做到通盘规划，统筹安排。（肖建莉，2004）❶。

3.3 公共物品管理的难题与管治思路

3.3.1 公共物品的难题

古希腊哲人亚里士多德（A. Aristotle）曾经断言："凡是属于最多数人的公共事务常常是最少受人照顾的事务，人们关怀着自己的所有，而忽视公共的事务；对于公共的一切，他至多只留心到其中对他个人多少有些相关的事务。"（陈潭，2004）❷

1968 年哈定（Hardin）在《科学》杂志上发表了题为《The Tragedy of

---

❶ 肖建莉. 保护的理性呼唤——中国历史文化遗产保护管理与法规政策研究：[博士学位论文]. 上海：同济大学，2004：39.

❷ 亚里士多德. 政治学. 商务印书馆，1965：48. 转引自：陈潭. 公共政策变迁的理论命题及其阐释. 学说连线. http://www.xslx.com. 2004.

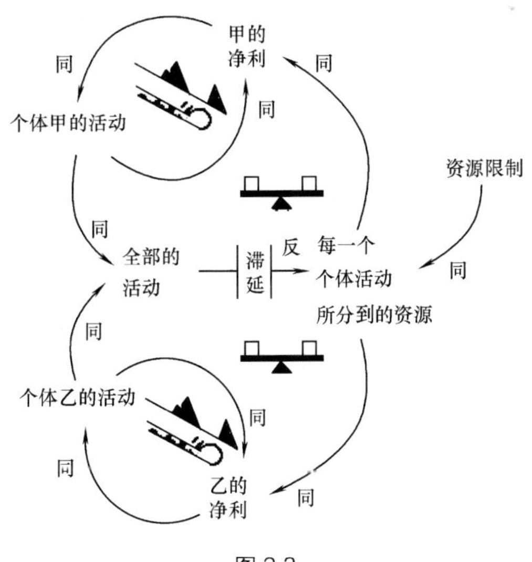

图 3-2

资料来源：www. HLRZHAN. com，2006-03-01

个体甲及乙只专注于自己的需要，而非整体的需要。短期内，个体经由自利的行动而获利，获利导致更多活动，进而获利更多，而形成图中的那些增强环路。终于每一个个体活动的获利开始衰退，每一个个体的利润开始逆转。等到他们体认到共同错误的严重性时，要拯救整体已经太迟了。

Commons》❶ 的文章，描述了理性地追求最大化利益的个体行为是如何导致公共利益受损的恶果。从此哈定悲剧成为一切由于共同使用的资源的不合理利用而引发灾难的代名词。哈定悲剧又被称为群体行动的悲剧，因为悲剧不是群体偶然性的不幸，而是具有必然性，每个人都意识到这种悲剧，但无法摆脱。一定意义上，这种悲剧是社会的规律造成的❷。哈定举了这样一个具体事例：一群牧民面对向他们开放的草地，每一个牧民都想多养一头牛，因为多养一头牛增加的收益大于其购养成本，是合算的，尽管因平均草量下降，可能使整个牧区的牛的单位收益下降。每个牧民都可能多增加一头牛，草地将可能被过度放牧，从而不能满足牛的食量，致使所有牧民的牛均饿死（潘天群，2004）。这就是公共资源的悲剧。

历史环境保护工作所面临的大量消失的困境与此类似，因为“破坏—发展”是占优策略，每个参与者采取“破坏—发展”成为集体行动的纳什均衡。这就是悲剧：大家都意识到问题所在，但大家都无能为力。这与哈定的

❶ 北京大学的张维迎教授将之译成《公共地悲剧》，但哈定那里的 the commons 不仅仅指公共的土地，而且指公共的水域、空间等等；武汉大学的朱志方教授将 The Tragedy of the Commons 译成《大锅饭悲剧》，有一定的道理，但也不完全切合哈定所表达的意思。将 the commons 译成“公共资源”似乎更确切些。哈定描述的 The Tragedy of the Commons，我们可称为哈定悲剧。

❷ 潘天群. 博弈生存. 北京：中央编译出版社，2004：163.

公共资源悲剧何其相同，其原因就在于环境资源是大家的。

1965年，美国经济学家曼瑟尔．奥尔森（Mancur Olson）在《集体行动的逻辑》（The Logic of Collective Action）一书中对获得人们广泛认可的群体理论提出异议。奥尔森认为：个人理性不是实现集体理性的充分条件，其原因是理性的个人在实现集体目标时往往具有搭便车（free-riding）的倾向。"尽管集团的全体成员对获得这一集团利益有着共同的兴趣，但他们对承担为获得这一集体利益而要付出的成本却没有共同的兴趣。每个人都希望别人付出全部成本，而且不管他自己是否分担了成本，一般总能得到提供的利益。"只有个别个体看出问题是不够的；问题仍是无法解决，除非大多数决策者为了整体的利益而一起行动。

集体行动困境可以导致公共物品供给短缺、公共资源利用无度、公共秩序混沌失序、公共组织效率缺失、公共政策执行失范等❶。

3.3.2 集体行动悲剧的克服

从根本上来说，哈定认为：对公共资源悲剧的防止有两种办法：权力约束和道德约束。

第一种是制度上的，即建立中心化的权力机构，无论这种权力机构是公共的还是私人的——私人对公地的拥有即处置便是在使用权力，我们可以将之卖掉，使之成为私有财产；可以作为公共财产保留，但准许进入，这种准许可以以多种方式来进行。

花钱雇人看管对违犯的人实行惩罚（如罚款）。目前我国很多流域实行禁渔，采取的就是这样的强制措施❷。

私有化也许是最省事的办法。《红楼梦》中薛宝钗和探春等对大观园的改革就是让那些老妈子分片承包，交一定的租钱。这样园子也有人看管收拾，贾府不必花钱雇人又可得到一笔收入。这是一个对双方都有利的办法。

第二种便是道德约束，道德约束与非中心化的奖惩联系在一起。像公共草地、人口过度增长、武器竞赛这样的困境没有价值或道德观念的转变，是无法避免的❸。

道德约束如果有强有力的道德约束，摘枇杷的人将受到社会的和自己的良心谴责，在这种情况下，他可能就不会做这种事情。只是用道德而非金钱作为惩罚。❹

---

❶ 陈潭．公共政策变迁的理论命题及其阐释．学说连线．http://www．xslx．com．2004．

❷ 林中小筑．http://blog．ustc．edu．cn/wjl/archives/cat_aueaiiaeoa．html#000831．

❸ "没有技术的解决途径"，所谓技术解决途径，是指"仅在自然科学中的技术的变化，而很少要求或不要求人类价值或道德观念的转变"。潘天群．博弈生存．北京：中央编译出版社，2004．

❹ 林中小筑．http://blog．ustc．edu．cn/wjl/archives/cat_aueaiiaeoa．html#000831．

在上述的实例中，当悲剧未发生时，如果建立起来一套价值观或者一个中心化的权力机构，这种权力机构可以通过牧牛成本控制数量或采取其他办法控制数量。

很多研究得出同样的结论，有的学者从明确产权、直接或间接控制、价格机制及树立“公共精神”等方面提出了公共物品永续利用的解决办法（丁子信，2004）。

换作另一种说法，国家与道德约束是一套赏罚机制，它们的建立是为了调整人们的行为，使人摆脱囚徒困境，走向合作。❶

潘天群在《赏罚机制的建立与博弈结构的调整》一书中认为，人类的个体理性与集体理性存在着冲突，这个冲突就是集体行动的悲剧，但是人类可以通过“自动”地建立一赏罚机制来克服这样的悲剧。这种规则的改变有三种方式。

第一，如果参与者之间没有一个组织调节，那么参与者之间可以通过协议形成组织，以调节人类的行动。国家是其中的典型，竞争的企业之间为了避免相互恶性竞争建立的某些行业协会也是其中的一种。

第二，如果原来存在着协调组织，但是，它的规则导致囚徒困境，这时，该组织可以通过改变规则，来改变博弈结果。像中国北方草原问题，在一定程度上起因于草地财产权的界定。

第三，参与者之间形成道德调节过程。道德谴责与道德赞赏是非中心化的，而道德的作用一样可改变博弈规则，使违反道德的行为得以降低，遵从道德的行为得以升高。

国家和道德均有调节机制，是为了使人类摆脱“集体行动的悲剧”而自动产生出来的机制。国家和道德的作用并不相同，国家通过规则化的机制对人的行动进行规范，然而它对人的行动的监督是有成本的，它对社会危害大同时道德无法进行监管的行为进行管制，而把对社会危害小同时难以监督的行为留给了道德。如抢劫、杀人对社会的危害不言而喻，道德虽然可以在一定程度上制约这种行为，但对这些行为的真正有效的惩罚只有通过合法的暴力来进行。至于吐痰、在公共场所吸烟这类行为，对于吐痰者或吸烟者是有利的，因为有吐痰的需求时立即吐掉是愉快的，而对于吸烟者来说，在公共场所烟瘾上来时吸上几口烟也是很愉悦的。但无论是随地吐痰还是在公共场所吸烟，对他人是有害的，因而这些是不道德的行为，对它们只有通过人们内心的道德感以及他人的谴责来进行抑制。如果没有道德调节，而由国家实行的外部的强制力量来管制，那么其成本太高，实际上效果不大（潘天群，2004）。

3.3.3 历史环境保护的博弈

历史环境的存在是区域内各个经济主体共同的外部环境，它拥有社会、

---

❶ 潘天群．博弈生存．北京：中央编译出版社，2004：201．

经济、文化等多方面的价值。若历史环境遭到破坏，将影响到区域内每个经济主体的利益，由于其绝对的不可再生性，从某些方面来讲破坏的影响是大于自然环境的破坏。与此同时，要防止历史环境得到治理和保护，需要各个经济主体的合作，历史环境带有典型的外部经济性。

现实中发生的多次类似的历史环境的破坏，说明“哈定悲剧”集体行动的逻辑支配着人们的行为。城市中的历史环境由于往往位于老城区，土地级差效应使得老城区的地价十分珍贵。对区域内的经济主体来讲，每一个利益主体必须克制自己眼下的逐利冲动并投入物力和财力，才能保护历史环境不被破坏。假设我们把利益主体分为三个主要的部分：政府、开发商、公众。政府官员需要城市环境的明显的改变以显示自己在任的政绩，开发商需要将土地的效益发挥到最大以达到利益最大化，而公众则关心自己居住区域内物质环境的改善和物权价值的提高。

对于任何一个主体来说，抑制自己的逐利冲动而保护历史环境成为一种成本，成本与收益的核算是决策的重要依据。假设一个主体，在别人都保护历史环境的时候，而他出于自己的利益而牺牲了历史环境，节省了行为的成本，又直接享受到了这个行为给他带来的直接好处，因此，它会在保护和破坏之间，选择破坏历史环境。如果别人都选择了破坏历史环境，而只有他选择保护，加大了成本，而且又无法享受到自己保护而得到的长远利益，他当然不会选择保护。这样，大家尽管可能已经认识到历史环境保护的好处，在没有外在强制力约束的情况下，还是都不会积极主动进行历史环境的保护，因为为了自己的利益而破坏历史环境是每个利益主体的最优选择，在合力作用下的历史环境破坏就是纳什均衡。这就是为什么，历史环境的破坏问题得到专家一再呼吁，得到舆论媒体及政府的一再谴责，而又不断以同样的方式重复发生，问题迟迟得不到解决的原因。

由此我们必须反思历史环境保护管理工作中的一些问题，管理工作强调的是集体理性，而在现实中，往往会产生与个体理性的冲突，忽略个人要求会使城市发展整体最优这一目标的实现困难重重，现实中的许多矛盾大多产生于此，要达到集体理性和个体理性的“双赢”，城市管理在坚持公众利益的同时，必须考虑个体要求。在制度、机制的设计研究上，实现个人与集体的和谐发展。前文提到的几个相关利益主体，不能责怪他们的唯利是图，因为追求利润的最大化是市场中经济主体的理性的表现，所以，解决个人理性与集体理性之间冲突的办法不是否认个人理性，而是设计一种机制，在满足个人理性的前提下达到集体理性（王颖，孙斌栋，1999）[1]。美国的历史环

[1] 王颖，孙斌栋. 运用博弈论分析和思考城市规划中的若干问题. 城市规划汇刊，1999，(3)：61-63.

境保护与区划管理相结合的区划制度采用的“容积率”补偿政策（开发商如果愿意开发一定的公共空间，就可以获得容积率的补偿）在满足公共利益的同时就兼顾了开发商的利益要求，在这个制度安排下，不参与公共环境的开发未必是开发商的最优选择，前文所说的纳什均衡就改变了，公共空间的开发开始有私人开发商的介入了。这些经验对于我们面对城市历史环境的保护资金不足问题有很好的借鉴作用。城市管理者要做的也许不光是勾画蓝图或与市场唱反调，而是坐下来看看应该选择什么样的制度和机制来达到规划的目标。上海新天地的项目运作就是体现了这种目标。

3.3.4 历史环境保护管治

管治是公共事务管理的一种方法，而绝大多数公共事物不可避免地与公地悲剧、囚犯困境博弈和集体行动的逻辑所界定的一致。在各种类似与三种模式的场景中，人们已经坠落进一个冷酷的陷阱，如何摆脱困境，仅仅只有管治的一线曙光给人以希望。

城市管治的研究起源于对社会公平、社会进步、社会可持续发展等的关注，而这一切的实现都必须以全社会人的发展和进步为前提，而改善人们的生活质量、生存空间必须以社会公共服务业的多样化和高度发达为基础。管治作为能够提高公共物品供给的一种过程，当它被引入到发展的研究体系时也就变得越来越有意义了。国外城市管治的实证研究几乎都与城市公共物品的生产和供给等方面的研究联系起来。本书将历史环境这种特殊的公共物品进行分析，尽管其具有自身的特殊性，但是将管治方式作为提高历史环境保护和延续手段仍是一项重要的选择。

第 4 章　历史环境管治的理论基础

管治理论是近年来兴起的，广泛应用于各个公共管理的理论。管治理论之所以具有吸引力在于他强调，除了了政府机关外，还需政府与社会之间的互动。由于它可以在面临“政府失灵”，的情况下而充分调动社会的多元力量进行有效地公共管理工作。在城市管理方面，特别是历史环境保护工作中要面临更加复杂和长期持续的工作，多元主体的合力就显得更加重要，因此引入管治理论对于历史环境保护工作具有重要的理论和现实意义。

4.1　管治的理解

4.1.1　管治的基本含义

1）Governance 溯源

从语源学上讲，在英语中动词 Govern 主要有统治、支配、管理、控制、指导、等义。Governance 是 govern 的名词和正式用语，对应的中文词似为“治理之方法”，可以简称“治道”。(何兴华，2001)。

Governance 的起源可以追溯到人类文明的早期，有史可考的第一次使用“管治”是在 14 世纪（陈振光，胡燕，2001）[1]，但是近年来对其研究的兴起却是由人类日益迫切要求对社会和经济现象进行规范、调整和管理而引发的，这就要求我们不但要从字面上，而且还要从其实际应用中寻求该词在文化、社会和经济意义上的最佳对应词。

早期对于 Governance 和 Government 的释义并未有较大的差异，正如罗德斯所说：“管治含义有了变化，意味着一种新的管理过程正在产生，意味着管理的条件已经不同于以前，或是以新的方法来管理社会。”（罗小龙，罗震东，2002）。

近年来引起世人瞩目的“管治”始现于世界银行 1989 年的一份报告中。这份报告使用了“危机管治”（Crisis Governance）的术语，用以描述当时非洲紧张的环境局势。此后，“管治”被不断赋予新的含义，不再仅仅局限于其本身词义——统治、管理、控制或统治方式、管理方法，而被广泛运用

[1] 陈振光，胡燕．“管制”：理论角度的探讨和启发．城市规划，2001，Vol25（9）：25.

于政治、社会和经济的各个层面（黄王丽，2002）。

2）中文的多种译法

联合国教科文组织主办的《国际社会科学杂志》在1999年第2期专门开设“Governance”专题，以“治理”作为Governance的汉译名词❶。然而之后国内对于该词的翻译并没有得到统一，“Governance”在我国的学界有着不同的译法。例如在社会经济领域学者将Governance译为“治理”，在城市与规划学界则译为“管治”❷。香港将其译为“管治”（2000年5月在南京大学召开的以“Governance”为命题的学术会议也借用此义）；台湾用“统理”；北京大学李景鹏教授主张用政治管理作为对应词。另外，也有“治道”、“善治”等译法。不论怎样，对这些译法的理解总是不免让人费一番周折（黄王丽，2002）。

与“治理”的译法相比，“管治”的中文翻译从单字构成和发音上容易使人产生“管制”的误解，笔者认为前者的翻译更加贴切，但是为了与本专业的统一用法相协调，本书采取《城市规划》已往所发表论文中约定俗成的译法，将“管治”作为“Governance”的对应用词。

3）管治的权威定义

1992年“全球管治委员会”（Commission on Global Governance，1992）成立时，W. 勃兰特在《我们的全球近邻》（Our Global Neighborhood）报告中将管治定义为：管治是各种公共和私人机构管理其共同事务的诸多方式的总和，它是使相互冲突的或不同的利益得以调和，并且采取联合行动使之得以持续的过程。管治既包括有权迫使人们服从的正式制度和规则，也包括各种符合人们共同利益的非正式的制度安排。

概括起来，管治具有如下四个特征：（1）管治不是一整套规则，也不是一种活动，而是一种过程；（2）管治不是控制，而是协调；（3）管治既涉及公共部门，也包括私人部门；（4）管治不是一种正式的制度，而是持续的互动行为。

该委员会在报告中还列举了几个地方政府管治的实例，如市政府的废物回收利用工程、社区与消费者协会联合管理公交系统等等。

全球管治委员会于1995年又进一步将Covernance定义为政府或公共行政管理的同义词，是“使用政治权威控制和经营社会及资源以争取社会和经济的发展”。委员会认为“好的管治”的含义是：通过司法独立来实现公民安全得到保障、法律得到尊重，亦即实行法治；公共机构正确而公正地管理公共开支，亦即进行有效的行政管理；政府领导人就其行为向人民负责，亦

❶ 黄骊. 国外大都市区治理模式. 南京：东南大学出版社，2002，8：5.

❷ 罗小龙，罗震东. 城市管治及其本土化研究中的若干问题思考，规划师，2002（9）：15.

即实行责任制；信息灵通，便于全体公民了解情况，亦即具有政治透明性（黄王丽，2002）。

联合国人居中心报告是这样定义管治的："管治作为一种可认识的概念，它是存在于正规的行政当局和政府机构内部和外部的权力总称。"在许多范式中管治包括政府、私营部门和市民社会。管治强调过程，强调决策建立在许多不同层面的复杂关系之上（顾朝林，2001）[1]。

4.1.2 管治的理解与把握

1）管治的多元解释

尽管"对于各不相同的社会意识形态群体及不同的政治体制传统而言，这一词汇存在着各种不同的理解"（张京祥）[2]，何兴华给出了管治的一个较为"中立"的表达：管治是促进不同组织之间相互渗透的管理方法。管治认识到组织之间是相互依赖的，不再仅仅围绕政府如何巩固自身的地位做文章。

格里·斯托克（Gerry Stoker）对目前流行的各种管治概念作了一番梳理后指出：（Stoker，1998），管治指的是"在组织之间，公共与私人之间的界限是可以穿透的情况下，治理的行为方式或系统。它认识到了组织之间的相互依赖，其本质是政府与非政府之间及其内部各种力的相互作用。[3]"

也有学者（Jessop，1995）认为，"管治"研究的总体范围包括："通过建构政府的（等级结构的）和政府以外的（非等级结构的）机构、组织，和具体的实践，以解决政治和超越政治的、有关的实现共同目标和集体设想方面的问题"（陈振光，胡燕，2001）[4]。

库伊曼（J. Kooiman）和范·弗利埃特（M. Van Vliet）指出："管治的概念是，它所要创造的结构或秩序不能由外部强加；它之发挥作用，是要依靠多种进行统治的以及互相发生影响的行为者的互动。"

罗兹（R. Rhodes）在《新的治理》概括了行政学界界定管治的六种含义：（1）作为最低限度的国家干预，国家消减公共开支，以最小的成本取得最大的效益；（2）作为公司或企业管理的管治；（3）作为新公共管理的管制（它指的是将市场的竞争机制和私人部门的管理手段引入政府的公共服务）；（4）作为善治（Good Governance）的管治；（5）作为社会控制体系的管治，

---

[1] 顾朝林. 发展中国家城市管治研究及其对我国的启发. 城市规划，2001，Vol25（9）：13-19.

[2] 转引自：何兴华. 管治思潮及其对人居环境的影响. 城市规划，2001，Vol25（9）：7-12.

[3] 格里·斯托克总结了关于管治的5种观点：（1）权力中心多元；（2）国家与社会之间、公共部门与私人部门之间的界限和责任便日益变得模糊不清；（3）在涉及集体行为的各个社会公共机构之间存在着权力依赖；（4）参与者最终将形成一个自主的网络；（5）办好事情的能力并不仅限于政府的权力，在公共事务的管理中，还存在着其他的管理方法和技术。转引自：黄骊. 国外大都市区治理模式. 南京：东南大学出版社，2002.

[4] 陈振光，胡燕. "管制"：理论角度的探讨和启发. 城市规划，2001，Vol25（9）：25.

它指的是政府和民间、公共部门和私人部门之间的合作与互动；(6)作为自组织网络的管治，它指的是建立在信任与互利基础上的社会协调网络。❶

他说："设想不存在统治的管治，也就是（着重）提出任何有生命力的人类制度都必须完成的各项功能，例如以下种种不可或缺的任务：应对外来的挑战；防止成员之间的内部冲突；获取资源；以及制定目标和达成这些目标的政策等等。"

管治问题之所以具有吸引力，是因为它提出了这样一种思路：除了政府机关外，还需政府与社会之间的互动。在经济层面，管治也受到同样的欢迎，因为它力主的是一种"要创建这样一种超越民族的社会，首先要求建立一种权力观，它必须足以把国际关系从以绝对的竞争为基础的体系转变为以相互合作为基础的体系"。而在社会层面，它高度评价了公众的作用，倡导市民社会，肯定多元文化，符合公众的利益和当前的需要。(黄王丽，2002)。

管治一开始是对政府权力过于集中的问题提出的"药方"，但是随着研究的深入，更多的关注复杂、多元社会中各种行政单元、社会组织之间的权力分配和运作，以及相应的责任和利益关系。

总之，管治的本质是政府与非政府力量之间以及力量内部的互动关系。管治研究是在分别研究各种组织和力量的基础上，专门研究组织与力量之间的互相渗透、互相依赖的互动关系（何兴华，2001）❷。

管治过程主要代表一种政府行政、公众参与、非政府组织作用和企业影响的共同行为。城市管治的焦点是各个利益集团之间的权利与责任的调整，主要是处理它们之间超越于市场经济范围之外的社会经济关系。因此，对于城市的规划和开发而言，不应该仅仅由政府来完成，应该由具体社会中的社会经济和政治力量来共同完成（易晓峰，甄峰，2001）。❸

2）管治的要素

通过前面对管治概念和用法的解析，我们认为管治的要素特征如下：

(1) 管治离不开政府的重要作用；

(2) 管治是社会行为中各种力量的互动；

(3) 管治是公民自治与国家管理的结合。

3）管治概念的误区

关于管治，有两点需要特别注意。一是将"管治"等同于"管理"，关于管治的研究被泛化为所有领域的管理问题，管治研究成为新形势下管理学

---

❶ 罗小龙．罗震东．城市管治及其本土化研究中的若干问题思考．规划师，2002 (9)：15.

❷ 何兴华．管治思潮及其对人居环境的影响．城市规划，2001，Vol25 (9)：7-12.

❸ 易晓峰，甄峰．城市开发中的城市管治研究——以汕头市南区开发为例．城市规划汇刊．2001，(1)：22.

的代名词。于是，城市与区域管治也就理所当然地等同于城市与区域管理。

二是将“管治”简单理解为“公众参与”，在城市的管理中以简化形式的公众“参与”代替多种组织的互动运行必然导致“参与”流于形式化。

（1）管治与政府❶

管治概念在层级结构、运转方式、发展理念等方面均不同于传统的科层制的政府概念。政府组织采用的科层制在人类历史活动中曾经起到了巨大的积极作用。他所奉行的逻辑规范也正是马克思·韦伯所认为它的优点所在，精确、细节分明以及减少摩擦、降低人和物的成本。但是随着社会发展的多样性，科层制的弊端开始显露出来，主要是他对人的个性和首创精神的扼杀，并最终引发了政府的财政、管理和信仰危机。管治的提出是对科层制的挑战，融入多元管治方式是当今多元社会的需求。

（2）管治与公众参与

正如孙施文教授等人认为的，管治不能理解或等同于公众参与。这可从以下几个方面来理解：首先，管治是一种对公共事务的管理过程和制度的安排，公众参与使这个过程和体制中的特定阶段和形式；其次，管治为公众参与提供了论坛。随着各种非政府组织的兴起，必然要求为相关利益团体提供持续有效和有制度保障的场所，以便其呼声受到重视；第三，管治是对公众参与的有效制约。正如阿尔蒙特等人认为的，过度的政治参与不一定有利于政治稳定和政治发展，所以最适合的一个稳定的民主政体的政治文化是混合了臣属型和参与型两种类型的所谓“公民文化”。这也正是管治优越于其他管理模式的原因所在（罗小龙，罗震东，2002）。

4.1.3 管治产生的背景与意义

1）管治产生的国际背景

从国际上看，“管治”概念的复兴可以追溯到 20 世纪 70 年代中期❷，“管治”的研究开始于 1980 年代晚期，1990 年代形成研究主流。管治思潮的产生有深刻的社会经济背景。近年来管治概念的频繁使用，与政治领域的分散化、经济领域的私有化有很大的关系。在管治思潮的影响下，政府内部权力从中央向城市或地方转移；社会权力从政府向其他社会组织转移。从公共部门和私营部门的关系看，私营部门的作用增强（何兴华，2001）❸。

（1）全球化对城市提出新的要求

全球化使人们的联系更加紧密，但是尚没有一种有效的机制来统一人们的行为。全球化的重要特征之一是跨国组织（transnational organizations）

---

❶ 罗小龙．罗震东．城市管治及其本土化研究中的若干问题思考．规划师，2002（9）：15.

❷ 陈振光，胡燕．“管制”：理论角度的探讨和启发．城市规划，2001，Vol25（9）：25.

❸ 何兴华．管治思潮及其对人居环境的影响．城市规划，2001，Vol25（9）：7-12.

和超国组织（supernational organizations）的影响日益增大，民族国家的主权及其政府的权力日益削弱（黄王丽，2002）。唯有多极对话，多方协调，多渠道沟通，才可能解决涉及面如此之广的全球性问题。管治兴起无疑为全世界的和平带来一线曙光（刘筱，2004）。

对于城市来说，全球化趋势给城市带来的挑战。

城市间的竞争变得更加激烈。城市努力试图推销自己以赢得大量投资；同质化的全球文化也伴随着城市地方的、独特的文化，地方文化本身的商品化成为吸引旅游和投资的手段；城市——区域关系发生变化，城市通过国际合作（有时和跨国机构）和跨国网络，城市已经将自己置于一个国际舞台上（Kearns et al，2000）❶。

（2）市场失灵与政府失灵是管治兴起的直接原因

20 世纪 30 年代，一场波及全球的经济危机使市场神话彻底破灭。西方古典经济学理论受到巨大冲击。人们认识到仅仅依赖市场的手段无法达到经济学中的帕累托最优。市场在限制垄断、提供公共品、约束个人的极端自私行为、克服生产的无政府状态、统计成本等方面存在着内在的局限，单纯的市场手段不可能实现社会资源的最佳配置。

在这种情况下，以强调国家干预的凯恩斯主义为代表的福利经济学派在经济学中取得了胜利，以此为代表标志着政府的作用得到了加强。但是随着政府作用的逐步加强，人们逐渐意识到仅仅依靠国家的“自上而下”的计划和命令等手段，也无法达到资源配置的最优化，最终不能促进和保障公民的政治利益和经济利益。到 20 世纪 70 年代后期，西方国家普遍形成“滞胀”局面，通货膨胀与生产停滞，失业骤增，政府庞大的开支使物价飞涨，而政府为了弥补公共财政又不得不维持高税收，这一切都导致凯恩斯主义为代表的国家干预政策的失效。

正是鉴于国家的失效和市场的失效，愈来愈多的人热衷于以管治机制对付市场和国家协调的失败。管治思路可以弥补行政等级式决策方式的失败，和在一个包含复杂的相互依赖关系的动荡环境中“自上而下”计划的失败。通过在企业社会里建立“调整的自律”，解决“福利国家”的规范危机（陈振光，胡燕，2001）。❷

（3）公共资源占有者和供给者的多元化为管治提供了力量

随着社会的发展，政府无法有效提供公共资源的供给，公共资源需要更多主体的支撑。政府正是处于丹尼尔·贝尔所说的情景——对解决大问题则

❶ 易晓峰．城市管治：地方政府的角色和作用研究：［硕士学位论文］．南京：南京大学，2002．

❷ 陈振光，胡燕．“管制”：理论角度的探讨和启发．城市规划，2001，Vol25（9），25．

嫌过小，对解决小问题则嫌过大。这导致了政府在公共事务的管理上无能为力或是筋疲力尽（罗小龙，罗震东，2002）❶。于是产生了一种难以避免的趋势，供给者向多元化方向发展，非营利机构、相关社会团体、私人公司等非政府组织也成为公共资源的主要供给者。与此同时，占有者的数量和占有公共资源的可能性也空前提高。

(4) 公民社会（Civil Society）的壮大对管治提出了要求

民主化是我们这个时代的政治特征，也是人类社会不可阻挡的历史潮流。民主化的基本意义之一是政治权力日益从政治国家返还公民社会。政府权力的限制和国家职能的缩小，并不意味着社会公共权威的消失，只是这种公共权威日益建立在政府与公民相互合作的基础之上（黄王丽，2002）。

公民社会是自组织的社会，它受国家机器的干预较少，因此有一定的独立性。可以自主地决定一些事务。随着西方民主化进程的深入，公民社会已经成为西方国家社会发展的总体趋势。在公民社会中作为一支重要力量的非政府组织（NGO）要求公共事务管理权利的呼声越来越高（罗小龙，罗震东，2002）。

总之，管治的复兴是我们这个特定历史时代的必然产物，管治作为一种新的国家整理思想，它呼吁政府更多地退出公共服务利益，为市场创造更多机会（刘筱，2004）。一方面它增强了私人利益集团和个人的权力，缓解了政府的公共职能上的压力，同时也强调政府的作用，政府承担必要的公共服务并且规范私人行为。因此新的利益平衡成为焦点，新的管治思想也就应运而生。

2) 国内管治研究的现实意义

(1) 特殊的历史背景

中国的城市发展有三个独特的平台：一、社会主义市场经济体系；二、五千年的中国文化（集权、儒学、薄弱的公民社会）传统；三、长期且强有力的城市行政等级体系（顾朝林，2001）❷。从某些方面来讲，这些历史背景与管治理念建立是存在一定矛盾的。如何克服这些矛盾，在城市开发中协调这些不同利益集团或个人之间的关系，在种种确定和不确定因素之间寻找最佳的平衡点将成为中国城市政府面临的重要课题。

(2) 现实的社会需要

中国目前正处于深刻的变革时期。从20世纪80年代初的经济体制改革开始，整个社会尤其是城市社会发生了巨大的变化，经济与国家整体实力的增强有目共睹。但是与此同时，社会分化，社会边缘人群、弱势人群的形

---

❶ 罗小龙，罗震东．城市管治及其本土化研究中的若干问题思考．规划师，2002（9）：15.

❷ 顾朝林．发展中国家城市管治研究及其对我国的启发．城市规划，2001，Vol25（9）：13-19.

成，社会公共服务需求的不断增加等等，呼唤更加和谐的社会关系以及在此之上的持续发展。政府如何处理好与市场的关系，民间社会或称市民社会在二者之间的地位如何，三者又当如何协调？或者在共同促进社会发展过程中，又当如何处理好三者的关系？因此管治的研究对于中国尤其是中国的城市地区更具有重要的意义（刘筱，2004）。管治作为一种更加强调多元和谐的发展过程理论在当前国内的历史时期具有现实的社会需要。

（3）管治理论和经验的借鉴

由于不同于西方的社会背景，中国的管治问题研究与西方的并不相同。但是在当代不可避免地受到西方管治思潮的影响。主要表现在：一、社会科学领域的学者已经率先大量介绍西方有关管治研究的情况。如政治科学、公共管理、公共政策、国际研究、人文地理学等；二、随着国际合作的范围的扩大和交流深度的加深，与国际组织和相关国家进行合作必然涉及管治的观点和文件，有必要进行研究；三、国家内部的改革也同样遇到一些与其他国家有共性的内容，参考他国经验会涉及管治的理论探索。

（4）多学科的研究形成推动合力

不同的学科从自己的视角对于管治问题作出不同的侧重研究，城市政治经济学侧重于用政治经济学和公共管理学的方法来研究城市的社会经济现象和城市体系的动态。特别是针对城市中出现的社会分化、社会公正和大众控制对城市政策制定的不利影响等问题做出解释，并提出有效的管理模式；经济学中的管治则着眼于公司治理，并从制度经济学的视角对管治的机制进行探讨；我国社会学的管治研究主要是探讨我国转型时期对非正式群体的引导和控制，及其组织结构的完善；城市与区域规划致力于政府传统管理和制定规划模式的变革、城市发展思路的转变和公众参与等广泛的问题❶。多种学科对于管治理论的研究尽管具有各自的重点，但是其成果可以形成共同的作用，推动管治理论的成熟和实践应用。

（5）管治研究对于政府管理的意义

管制理论的提出改变了原来公共服务的供应来源对于政府的单纯依赖，对于政府来说其职能不是减低而是加强了。政府可以发挥其管理的职能，放下包袱集中精力管理该管的东西。正如顾朝林所言："通过城市管治研究，可全面综合地改善制度环境和管理模式，尽快建立区域性多元化管理模式，理顺各级政府之间以及政府、公司和个人之间的关系，确立相应的权利分配规则和行为规范，明确各级政府在城市管理中扮演的角色。"（何兴华，2001）❷ 与此同时，一些方面的公共服务工作并非政府所擅长，相应主体的

---

❶ 罗小龙，罗震东．城市管治及其本土化研究中的若干问题思考．规划师，2002（9）：15．

❷ 何兴华．管治思潮及其对人居环境的影响．城市规划，2001，Vol25（9）：7-12．

介入可以相对高效和较好地为社会提供服务。

(6) 注意管治理念的局限性

虽然近来“管治”的理念成为学术研究的热点，但是由于其处于初始阶段，仍然不可能取代其他视角的理论，主要表现为：

一、边界的模糊。管治理论处于“前理论”阶段的地位（Jessop，1995），管治包含大量社会科学的主要概念和范式的“另一种”样式，导致“管治”常常要在几个迥异的或支离破碎的问题中运作。这反映在管治的类型很多，可是这些类型的“管治”，对其应该包括些什么、不应该包括什么，至今仍众说纷纭。二、缺乏系统性。“管治”主要建立在“组织间关系的范畴”，因此偏向于考察具体的部门、地方政府或具体的功能领域，而不是更全面的系统，如经济系统、国家、社会系统等等。“管治”关注的是各组织在他们自己有份参与制定规则的游戏中是怎样相互关联的（Jessop，1995）。三、非完美性。尽管越来越多的人期望用“管治”来解决“市场失败”或“国家失败”的方法，但这不应导致对“管治”失败的忽略。人为制度的致命弱点是，它是由不完美的人制定的，始终有其缺陷。所以，虽然“管治”提供了“市场”或国家以外的经济和政治协调方式的第三种选择，但是，应当避免把“管治”看成能比“市场”或“国家”更有效地解决经济和政治协调的问题。(陈振光，胡燕，2001)❶。

鉴于以上所述的局限性，对于管治理论的研究需要理性对待，不能过度夸大其研究价值。特别是对于这种实践性依赖很大的理论研究，更需要将之放置到实践中进行研究，那么在各种具体领域中进行实证研究就成为管治的重要方法。

4.1.4 管治的多种理论视角

1) 社会经济学视角的管治

从经济学角度看，政府的作用一直在自由放任传统和政府干预理论中摆动，一开始是亚当·斯密式的市场自由主义逐步被凯恩斯式的政府干预主义所取代，后来又是自由学派的复活，最近又出现新的政府干预理论，争论从未停息。一般来讲宏观经济学者比较看重政府干预对于经济稳定的积极作用，微观经济学者和制度分析学者比较强调市场规律对于经济效率的积极作用（陈振光，胡燕，2001）。

关于管治的思想，最初产生于对于政府作用的怀疑。从某种意义上讲，管治是减少政府作用的代码❷。

“管治”理论的先驱在制度经济学领域、策略与外交工作、社团主义和

---

❶ 陈振光，胡燕．“管制”：理论角度的探讨和启发．城市规划，2001，Vol25（9）：25.

❷ 何兴华．管治思潮及其对人居环境的影响．城市规划，2001，Vol25（9）：7-12.

"政策团体"研究、"治理能力"以及福利问题等等方面都能找到他的踪迹。由于"管治"理论具体地关注对象的协调问题。特别是"组织间关系"的协调与谈判，所以更直接和广泛地与交易成本分析、理性选择理论、对策论以及其他与行为学相关的社会学分支相关联。(陈振光，胡燕，2001)。

2) 政治学视角的管治

斯托克（G. Stoker）认为政治方面对管制的研究根植于民主理论以及国家与市民的框架中，不论是所谓左的还是右的理论家都认为"大政府"承担了太多的服务，要求实行民主、还权于市民社会。虽然尚未成为主流，但是其信仰和主张也得到了越来越多人的认可和支持。重视政府与市民相互依赖、相互转换的关系被看作是普遍的、基本的要求。

随着全球化的来临，超越国家管理之上，国际关系学（international relations）方面对管治也有相当多的研究。所谓"全球管治"（global governance）问题就是从这个领域提出来的。地区组织和国际组织对此极为热衷，强调制定适用于全球的法律和标准用以规范国际社会的行为。特别是从环境、宇宙空间、矿产和深海资源等方面问题而引发的争议为这方面的研究推波助澜（何兴华，2001）。

3) 公共管理学视角的管治

公共管理的思想可以追溯到亚利斯多德，他认为"凡是属于最多数人的公共事务常常是最少受人照顾的事务，人们关心着自己的东西，而忽视公共的事务"。随后，哈定在1965年的《科学》杂志上开创性地提出了"公共地悲剧"(Tragedy of the Commons) 的模式。从此管治作为一种理论首次在科学研究上有了深厚的根基，为后来的研究开辟了广阔的空间。可以说管治问题是伴随着使用公共资源的个人所面临的各种集体行动（冲突、共享、承诺、协作等）展开的。而这一问题从人类社会形成以来就一直萦绕着人们。[1]

公共管理学（public administration）的新公共管理运动（NPM）认为，传统的政府官僚主义严重，只有引入类似企业的竞争机制，把过分集中的决策权分散，通过市场关心顾客选择和产出的成效，才能改进管治（何兴华，2001）。

4.2 城市管治的理论研究

城市管治的理论提出和发展始于西方发达国家，城市管治框架是建立在管理理论之上的。西方管治框架的变化经历了第一代管理理论的物本管理，是以"经济人"假设为基础，把人当作物和工具来管理；第二代管理理论以"社会人"假设为基础和前提，有三种表现形式：人群关系学、行为科学和

---

[1] 罗小龙，罗震东. 城市管治及其本土化研究中的若干问题思考. 规划师，2002 (9)：15.

"以人为本"理论；以"能力人"假设为基础前提的"能本管理"发展成为西方第三代管理理论。本书所述的城市管治关注主体的社会属性对于物质环境的影响。

4.2.1 城市管治研究的理论综述

1）国外关于管治研究的理论综述

正如本书前文所述，实证研究是管治理论的发展方向，因此国际上对于管治的研究已经越过了最初的概念探讨，更加重视在不同领域和分支方向上的深入探索。随着联合国等国际组织相关机构对于研究的推动，管治理论的研究在全球范围正在获得快速发展。

（1）城市管治模式总结

模式和结构成为管治理论实证研究的一个重点，特别是在城市管理工作中，只有将理论应用于具体模式进行分类研究，才能够对城市管治起到明确的指导作用。因此这个方面的研究成为一个研究的热点。

代表城市管治理论研究取得较大进展的是有关城市管治模式的系统总结。阿尔金（Elkin）根据地方利益、政治家的联盟方式、选举联盟策略、政府服务的官僚机构等提出了多元型（pluralist）、联合型（federalist）、创业型（entrepreneurial）三种模式；芬斯汀等（Fainstein N I，Fainstein S S）以美国为研究对象，认为自二次世界大战结束以来，美国经历了由1950——1964年的指导性城市管治模式，向1965——1974年的让步性城市管治模式，再向自1975年以来的保守性城市管治模式的转变；俞（Yu，2000）认为城市治理模式有二十多种，包括公私合治模式、新精英模式、超多元模式、合作型治理模式、发展型政府模式、规制型政府模式、新管理主义城市治理模式、新自由主义城市治理模式等。

在众多有关城市管治模式理论研究中，最具代表性的要属皮埃尔（Pierre）对城市管治模式的划分，他对城市管治模式的划分是目前所知最精炼的。皮埃尔（Pierre）根据参与者、方针、手段、目标对西方繁杂的城市管治进行了分类，归纳出了管理模式、社团模式、支持增长模式、福利模式四种城市管治模式，并对每种城市管治模式的特征进行了阐述（刘筱，2004）❶。

尽管由于管治理论本身的多元特性使得至今仍没有一种分类模式成为统一标准，但是对于模式和结构的分类和总结，这种类型学的研究方法和思路对管制研究提供了借鉴。

（2）城市规划与管治研究

---

❶ 刘筱．转型时期中国城市公共服务业管治研究——以广州为例．[博士学位论文]．广州：中山大学，2004.

随着城市问题的日益明显，对于城市规划的研究逐渐丰富，从管治角度进行的研究也日渐增多。管治以它对于多元主体的协调，非政府部门的优势来解决更加复杂城市问题方面具有明显优势。

戴维·布鲁克霍斯特（David J Brunckhorst）从空间结构层次上进行分析城市管治。拉奎因（Aprodicio A Laquian，2000）针对巨型城市的困境，指出在城市服务效率和公众决策中寻求平衡是地方政府管治的关键。威尔巴德等（Wilbard J Kombe，Volker Kreibich）在对坦桑尼亚的研究中总结了在发展中国家土地管理机制中引入非正式部门的优势和关键。维恩戴夫·威廉姆斯（Gwyndaf Williams）研究了都市地区空间规划体系和管治状况后，认为多种压力正在使大都市管治变得日益复杂。安吉拉·胡（Angela Hull）通过具体案例分析了英国的规划体系是如何用于整合不同的目标和发展重点，平衡政府、市场以及市民社会三方关系以影响关系到城市未来的资源供给和决策。卡洛尔·拉科迪（Carole Rakodi）研究了发展中国家传统的土地利用规划，针对其存在的问题和巨大危害性，强调了城市政府应该致力于城市管治的安排，政治以及决策过程（刘筱，2004）。

总之，从不同角度来讲，管治提出了政府在提供公共服务方面不足时的多元选择，其强调政府、市场以及市民等多方面因素对于公共资源供给的影响，为城市规划的有效执行提供了新的思路。

（3）社会政治经济与管治

布兰迪·贝克（Brandy Becker）通过分析两种城市开发和发展模式（大规模的土地开发商在国有土地市场中的竞争模式和集聚的自我组织模式）探讨了各种政治因索对城市规模和结构的影响，同时还探讨了地方政治的非增长性发展以及特大城市的管治结构。罗伯特·罗杰森和马克·伯耶勒（Robert Rogerson and Mark Boyle）针对资本在英国当前行政中的影响，指出正是带有政治性的资本多元化而非其他因素正影响着管治结构。科瑞马可赫森（Kerrie L MacPherson）通过分析香港与内地的整合，指出在发展中建立城市和区域发展管治结构是发展的关键。费欧纳·辛普森和米切尔·切普曼（Fiona Simpson，Michael Chapman）对比分析了爱丁堡（Edinburgh）和布拉格（Prague）这两个城市，揭示了地域、意识形态差异对管治结构的影响，并可以通过互相借鉴促进发展。为我们建立地理学与管治的联系提供了很好的启示。尼尔·布瑞勒（Neil Brenner）针对美国新的区域合作模式正在形成并成为主流发展趋势，认为管治与社会政治空间结构存在一种互动关系。M·普格利西和S·马维（M Puglisi，S Marvin）通过对英国西北部地区的实证研究，探讨了多元主体中寻找最佳的管治模式❶。

---

❶ 刘筱. 转型时期中国城市公共服务业管治研究——以广州为例. ［博士学位论文］. 广州：中山大学，2004.

在社会政治经济发展结构中，多元的因素决定了管治的结果，这些因素中的互动与协调逐渐成为主导因素，诸多非营利部门和公众都日益成为管治主体中的重要一极。

(4) 社会参与与城市管治

利益相关主体的积极参与是城市改造中管治思想的一个重要内容。公众以多种形式有效地参与到城市改造和更新过程中并分享更新成果，各种非政府组织以非营利的形式进行工作。在此方面西方发达国家从理论到实践都已经进行了较多的研究和实证工作。

阿德科恩斯（Ade Kearns）以英国为例，分析了市民关系和地方管治之间的各种重要联系和利益关系，认为二者的结合会产生巨大的能动作用并持续地推动市民关系的个性化发展。迈克·瑞可（Mike Raco）针对具体案例，通过特定项目中地方小型企业、本地居民、社区组织等与各层次政府之间的冲突和联系，为我们揭示出了参与的重要性和可能遇到的问题，表明了管治中的参与性会因时间和空间差异而各不相同。艾德蒙多·沃尔纳（Edmundo Wema）通过回顾为消除城市贫困而采取的住宅——就业政策，指出了参与性与城市管治模式的联系，同时为我们指出了管治必须从一个更广的全球行动视野进行研究和分析，这样管治才能真正指导社会的发展。琼纳珊·默多奇和西蒙·阿布兰（Jonathan Murdoch，Simone Abram）从批判的角度，以住房政策这一具体案例分析了社区参与并且指出尽管当前以社区参与为先导的管治成为社会发展的主要趋势和目标，但是战略性的政策仍然凌驾于地方本地需求之上，并且中央与地力的垂直关系仍然存在没有因为管治的发展而改变❶。阿博莱姆（C. Abram，1964）和特纳（J. Turner，1976）为代表的居住问题哲学家通过对国家计划和市场机制均有的局限性研究，提出居民自主改善环境的人居领域的NGO和CBO思路❷。

从西方的研究可以看出，面对城市发展与更新同样存在着政府的“失灵”，参与方的积极协作与配合才是城市更新真正得以顺利推进的根本。国内当前城市多元主体在城市快速变化过程中出现的问题与冲突同样呼唤基于这个角度的管治的研究和实证，这也正是管治理论引入与发展的最大价值。

(5) 城市管治和地方政府政治的改变

随着经济全球化趋势的发展，区域竞争的日益激烈，地方政府已经像一个经营者开始逐渐显现出企业的特性。促进本地区的城市发展成为地方政府的重要驱动力。

---

❶ 刘筱. 转型时期中国城市公共服务业管治研究——以广州为例. [博士学位论文]. 广州：中山大学，2004.

❷ 何兴华. 管治思潮及其对人居环境的影响. 城市规划，2001，Vol25 (9)：7-12.

霍尔（Hall）与哈巴德（Huhbard）认为城市不应只从惯用的福利措施或土地利用规划中获得利益，而更应该通过地方资源的流动中，从竞争日益激烈的市场中获得利益。斯托克（Stock）认为，政府管治的时兴在一定程度上反映着人们寻找办法以减少政府消耗的资源和经费。梅尔（Mayer）认为地方政府与跨国资本的谈判技巧，及其创造条件以适应经济全球化的能力，已成为塑造城市形象和在国际城市体系中定位的关键因素，因此不少城市被称为“企业家城市”。哈维（Harvey）等认为传统上由政府负责提供的公共服务，很多改由其他的非政府主体参与和负责，地方政治家和行政官员日益采用企业家的立场有利于资本在城市范围的集聚。总之，全球化、区域集团化、一体化等态势深刻的影响了城市的发展政策，城市竞争加剧，使城市政策由福利分配和公共服务政策转向促进和鼓励地方经济发展的外向型政策。促进地方经济发展成为城市管治的主要目标❶。

（6）小结

国外学者对城市管治研究起步较早，研究视野和研究方法都较广，而且研究的理论背景已远远走出单一的学科并逐渐纳入越来越多的知识体系。从中可以看出管治的内容也越来越丰富，它的实践意义也越来越广。

2）国内关于管治研究的理论综述

国内的管制理论研究有两个分支，社会管治角度一般称为“治理”，城市角度的管治称为“管治”。管治在我国的研究开始于2000年前后，较早提出管治问题的是香港中文大学的杨汝万、沈建法，此后南京大学顾朝林、章宗祥开始了研究。总体说来国内学者对于管治的理论研究较为丰富，但是各个分支方向的实证研究还较少。

（1）对管治概念、理论基础及其研究意义的探讨

20世纪90年代以来，我国许多学者响应世界趋势，在积极引入西方管治理论的同时，对管治概念兴起的时代背景、概念及其理论基础进行了广泛的研究。在上文中，已经提出了张京祥和何兴华等学者对于管治的定义及基本理论的探索。

（2）城市管治的发展演变

一些学者历时性地从转化的角度研究中国城市管治，分析我国城市管治的发展演变、产生的问题以及未来的发展趋势。这些研究包括吴缚龙的《市场经济转型中的中国城市管治》、姚鑫、陈振光的《论中国大城市管治方式的转变》、沈建法的《跨境城市区域中的城市管治——以香港为例》等。

（3）运用管治概念研究我国城市问题

---

❶ 刘筱．转型时期中国城市公共服务业管治研究——以广州为例．［博士学位论文］．广州：中山大学，2004．

从实证的角度来研究管治是管治理论的重要方法，但是国内针对性的研究仍显不多。顾朝林以南京为案例，通过南京市最近的行政区划调整，分析了南京市城市政府的机构安排与运作效率，指出通过计划上的提升行政等级或者扩大管辖区范围并不能解决所有的问题，并指出了基于管治理念的措施对策。易晓峰、甄峰以管治理念为线索分析了城市政府在汕头市南区开发中利弊得失，提出了改进的建议。黄光宇、张继刚指出了目前我国城市管治中存在的问题，针对我国国情提出了构建垂直管治体系和水平管治体系的策略见解，并对城市管治体系的支撑体系进行了探讨。罗鹏飞、徐逸伦在剖析城市社区组织旧有管理体制问题的基础上，运用城市管治理论，提出了十分有意义的有关社区管理体制改革的新构想。

(4) 对城市管治模式进行了初步探讨

模式研究是管治理论的重要工具。关于模式的研究，国内主要有以下学者进行了探索。陈振光与胡燕对皮埃尔（Pierre）的管治模式理论引入，并对西方城市管治及模式在中国的应用进行了初步探讨。南开大学踪家峰博士在综合国外城市管治模式的基础上，提出了四种较为典型的城市管治模式，即企业化城市治理模式、国际化城市治理模式、顾客导向型城市治理模式和城市经营模式。洪明与徐逸伦则在探讨我国小城镇管治重要性的基础上，借鉴皮埃尔（ Pierre）的城市管治模式，提出了适合我国国情的小城镇管治模式。

(5) 关于都市密集地区区域管治的研究

从更加宏观的视角，区域协调的问题也是当前管治要解决的问题，特别是在各自为政剧烈竞争的现实状况下对于都市密集地区的和谐发展研究具有重要意义。张京祥等借鉴国外大都市区管理模式的实践经验，分析了我国大都市区现行管理体制中的问题，提出了管治理念指导下的我国大都市区管治体系，即构建两级双层管理模式组合而成的三层管治系统。华东师范大学黄丽博士分析了当今大都市区的重要地位和对治理的现实需求，对大都市区治理模式的影响因素与机制进行了总结，展望了未来大都市区治理模式的总体发展趋势，并对上海大都市区治理进行了研究。上述研究的共同点在于均把行政区划调整、构建大都市区区域管治组织作为实现都市密集地区区域管治的重要手段。

(6) 对管治研究方法的探讨

由于管治理论的特殊性，其研究和分析不同于传统的管理研究。管治理论研究方法成为一个重要的理论研究方面。胡燕、陈振光以广州洛溪大桥收费问题为例，通过对案例的分析，探讨了“管治”实证分析的方法。顾朝林提出了中国城市管治的主要内容和城市管治的研究方法，认为城市管治研究将采用理论研究与实证研究相结合的研究方法，在理论上借鉴学习国外管治研究理论，开展比较研究，并将管治运用于中国实践，进行实证研究；认为城市管治研究具体采用以下三种方法：（1）文献分析和国际比较研究法；（2）社会调查法；（3）定量分析实证研究法❶。

（7）小结

国内对于管治理论的引入不算很晚，并且随着实证研究的深入获得了较快的发展，但是由于国情及政治体制的差异以及实证工作的缺乏，研究的深入还显不足，特别是从多学科的综合研究方面仍然欠缺。通过国内学者的研究，可以看出管治理论起源于公共管理领域理念和方式的改革，特别是开始把相关的人放置到一个社会互动关系之中，探索更具现实性的解决方案。从这个角度来说，管治理论的研究发展对于社会和谐健康发展具有积极的作用。

4.2.2 管治机制理论

管治的机制理论从政府行政控制及激励强度等不同方面进行对比并寻求管治之所以具有优势的机理分析。美国新制度经济学派的著名代表人物威廉姆森（Oliver E. Williamson）运用交易成本经济学的观点对管治的成本作了独到的分析。威廉姆森认为市场制和科层制是两种极端的管治模式，在这两者中间还存在着过渡式或是混合式的管治模式。威廉姆森通过对市场制、混合制和等级制管治结构的进行对比分析，认为各种管治结构的机制主要的区别在于（表 4-1 ）❷：

市场制、混合制和科层制管治机构区别特征　　表 4-1

特　征	管治机制		
	市场制	混合制	科层制
工具			
激励强度	＋＋	＋	0
行政控制	0	＋	＋＋
绩效特征			
调适(A)	＋＋	＋	0
调适(C)	0	＋	＋＋
契约法	＋＋	＋	0

＋＋代表强；＋代表半强；0 代表弱。

来源：罗小龙．多中心城市区域管治研究——以苏锡常多中心城市区域为例．2002

❶ 刘筱．转型时期中国城市公共服务业管治研究——以广州为例．［博士学位论文］．广州：中山大学，2004.

❷ 罗小龙．多中心城市区域管治研究——以苏锡常多中心城市区域为例．［硕士学位论文］．南京：南京大学，2002：12.

通过对管制机制模式的研究，威廉姆森认为管治制度革新已经成为历史的必然（罗小龙，2002）。

4.2.3 城市管治模式研究

Pierre（1999）认为城市管治最终可以概括为四种普遍的模式：管理模式（managerial）、社团模式（corporatist）、支持增长模式（progrowth）、福利模式（welfare）。每一种模式都有其独特的参与、目标、手段及产出的类型❶。

管治模式的比较分析 **表 4-2**

	管理模式	社团模式	支持增长模式	福利模式
参与者	管理者、消费者	大众、利益集团	商界精英、高官	官员、官僚主义者
目标	提高效率，满足消费	分配，确保成员的利益	推动经济增长	再分配、确保国家基金的流入
手段	基于市场的广泛的管理手段	公众参与与谈判协商	推动经济、吸引投资的广泛手段	政府间网络
结果	效率增加	财政失衡	经济发展	不可持续

来源：罗小龙．多中心城市区域管治研究——以苏锡常多中心城市区域为例．2002

根据对城市管治四个变量的对比，我们可以清楚地看到四种模式有着各自的特点（如表 4-2 所示）。首先，在对目标和结果进行比较时，我们看到支持增长模式和管理模式可以被描述为目的（外表上）驱使型，因为它们的焦点明显集中在结果，过程没有利益；福利模式和社团模式，在另一方面，强调授权与代表，因此显然是过程驱使型。其次，在对参与者和手段的比较中我们发现支持增长模式和福利模式明显是以政府为导向的白上而下的城市管治模式；而管理模式和社团模式则是以市场为导向的自下而上的城市管治模式❷。

美国著名公共管理学者彼德斯（B. Guy Peters）在《治理的未来》中也提出了当代西方行政改革及公共管理实践中正在出现的以新公共管理定向的四种管治模式，即市场化政府模式、参与型政府模式、灵活性政府模式、解除规制政府模式。他从组织结构、管理过程、政策制定和公共利益四个方面来刻画和比较这四种模式的特征（如表 4-3 所示）❸。

不同的管治模式对政治目标、组织战略和主要参与者等有着不同的偏好，然而这并不意味着城市与区域不能同时出现几种不同的管治模式，事实

---

❶ 罗小龙．多中心城市区域管治研究——以苏锡常多中心城市区域为例．［硕士学位论文］．南京：南京大学，2002：12.

❷ 罗小龙．多中心城市区域管治研究——以苏锡常多中心城市区域为例．［硕士学位论文］．南京：南京大学，2002：12

❸ 引自：http://www.blogchinese.com/user1/51413/archives/2005/93267.shtml．2004-12-13

上城市就是由一种或多种模式共同构成的系统。当不同的管治模式与城市中

四种管治模式的主要特征　　　　表 4-3

	市场化政府	参与型政府	灵活性政府	解除规制政府
主要的诊断	垄断	等级制	永久性	外部规制
结构	分权	扁平型组织	虚组织	（没有特别建议）
管理	绩效工资制及其他私人部门管理技术	全面质量管理，团队	管理临时人事	更大的管理自由
政策制定	内部市场	咨询，谈判	实验	企业化政府
公共利益	低成本	参与，咨询	低成本；协调	行动主义

来源：http://www.blogchinese.com/user1/51413/archives/2005/93267.shtml.2004-12-13

不同的机构有机结合并相互协调时，就会促进城市的发展。反之，则会导致城市内部价值与目标的冲突，使城市管理趋于混乱（罗小龙，2002）。

4.3　历史环境保护的管治

4.3.1　对于公共资源管治的实证研究

埃丽诺的研究是管治理论在微观社会环境中的一次实证研究。

前文所说的“哈定悲剧”、“囚徒困境”以及奥尔森的“集体行动的逻辑”。这些理论模型都说明，个人的理性行动最终导致的却是集体的非理性的结果。哈定对于公共资源悲剧开出的药方是权力约束和道德约束，权利约束又可以分为公共的或私有的对于公共地的处置权利。

那么除了这些外在的约束，就没有来自群体内部的协议形式了吗？

美国著名行政学家、政治经济学家埃莉诺·奥斯特罗姆着眼于小规模公共池塘资源问题，在大量的实证案例研究的基础上，开发了自主组织和治理公共事物的制度理论（毛寿龙，2005）[1]，其重要作用在于以下几个方面：

1）开辟了政府、市场约束及道德约束之外的解决途径

埃莉诺·奥斯特罗姆教授认为，政策分析家的工具箱中有各种各样的工具，但还缺少“一种具体明确的集体行动理论。凭借这一理论，一群当事人能够自愿地组织起来，以保持自己努力所形成的剩余。”自主组织的实例到处存在，但分析家却没有很好地在理论上总结它们。

从博弈的角度探索了在理论上可能的政府与市场之外的自主治理公共池塘资源的可能性。她提出了“自筹资金的合约实施博弈”，认为没有彻底的私有化，没有完全的政府权力的控制，公共池塘资源的使用者可以通过自筹

[1] 埃丽诺．奥斯特罗姆的《公共事物的治理之道：集体行动制度的演进》一书详细介绍了她的研究过程及理论思辨。见：毛寿龙主编．余逊达、陈旭东译．埃莉诺·奥斯特罗姆著．公共事物的治理之道．上海：上海三联书店，2000.

资金来制定并实施有效使用公共池塘资源的合约。

公共池塘资源的使用规则并非只有法律上的规则，实际上，非正式的规则，也可能是有效的约束方式。

2）埃丽诺·奥斯特罗姆的例证及总结

这些案例涉及瑞士和日本的山地牧场及森林的公共池塘资源，以及西班牙和菲律宾群岛的灌溉系统的组织状况。

这类案例涉及两个特色，一是占用者已经为控制对公共池塘资源的使用，设计、应用并监督实施了一套自己的规则；二是资源系统以及相应的制度，都已存续了很长的时间，存在时间最短的超过100年，历史最长的已超过1000年。

在案例分析的基础上，奥斯特罗姆总结了公共资源相关组织内通过协商合作能够成功的8种“原则”：

（1）清晰界定边界；（2）占用和供应规则与当地条件保持一致；（3）集体选择的安排；（4）监督；（5）分级制裁；（6）冲突解决机制；（7）对组织权的最低限度的认可；（8）分权制企业。

埃莉诺·奥斯特罗姆教授认为，这些原则是在案例分析的基础上总结出来的，它们是长期有效的公共池塘资源自主组织、自主治理制度的基本构件，“这些设计原则对公共池塘资源及其相关制度的存续性提供了一种可信的解释。……这些设计原则能影响激励，使占用者能够自愿遵守在这些系统中设计的操作规则，监督各自对规则的遵守情况，并把公共池塘资源的制度安排一代一代地维持下去。”

埃里诺在分析了成功的管治案例之后，又对管治失败的案例进行了研究，得出了公共池塘资源管治失败的原因。对于土耳其的两个渔场来说，它们在制度上缺乏第三章所概括的八项原则。斯里兰卡的科林迪奥亚灌溉工程只符合一条原则，即边界清晰。1938年租金散失成为严重问题后的马维尔渔场符合两条原则，即一致原则和监督。制度变迁之前的雷蒙德流域、西部流域和中部流域符合两条原则，即冲突解决机制和被认可的组织权。莫哈韦案例符合三条原则，即集体选择的论坛，冲突解决机制，和被认可的组织权。经过分析，奥斯特罗姆发现，在公共池塘资源的占用者显然不能解决他们所面临的问题的案例中，没有一个符合三条以上的设计原则。

3）管治规则转变的社会心理研究

市场的效率在于使企业家有积极性采取有效的制度，采取有效制度的企业家无疑会立于不败之地。但是对于公共池塘资源来说，市场竞争反而会给公共池塘资源带来毁灭性的恶果。这时，公共池塘资源的制度变迁理论就应该有别于标准市场经济中的制度变迁理论。就如奥斯特罗姆教授所说的，“一个较好的理论态度不是把规则变更的决策视为机械的计算过程，而是把制度选择视为对不确定的收益和成本进行有根据的评估过程。”

这样，我们就可以运用社会心理学家的研究成果，来分析人们对成本与收益的评估偏差。这些偏差主要表现在如下几个方面：(1) 人们对潜在损失的重视程度要高于对潜在收益的重视程度。相应的，人们对避免未来损害的预期收益的重视大大胜过对生产未来产品的收益的重视；(2) 当存在资源恶化指标并被普遍认可作为未来资源损害度的准确的预测指标时，或当领袖们能够使其他人相信“危机”迫近时，人们便会愿意接受限制他们使用资源活动的新规则；(3) 与长期不确定的收益和成本相比，前期转换成本的计算不仅要容易些，而且有时会有实质的区别。所有占用者更为关注的是即时成本而不是未来收益。在决策者往往更强调预期损失而不是预期收益的情况下，转换成本在占用者判断是否要改变规则时便具有了进一步的重要性。如果规则改革的预期贴现净收益并不大，公共池塘资源的占用者就极不可能为改变规则支付即刻发生的转换成本；(4) 人们对以频率为基础的概率进行准确估计的能力也非常有限。他们对近期事件的重视程度往往要远远高于对很久以前发生的事件的重视程度；(5) 占用者或其他人所设计的一套特定规则很少包括了可用于治理运作环境的全部可能的规则。他们所提出的规则很可能来自反对者已经熟悉的规则大全。在规则的任何变革都与大量不确定性相连的情况下，人们不太可能采用不熟悉的规则，而乐于接受其他人已在相似环境中使用过并被证明效果较好的规则。在对不同规则进行了大量实证研究的情况下，占用者可以通过分析在相似的公共池塘资源环境中使用不同规则所得到的经验，来了解不同规则的效果。

4) 对于公共资源集中控制手段的失败

当政治制度不允许存在实质性的地方自治，所有问题都只有上级政府才能解决时，又会发生什么情况呢？埃莉诺·奥斯特罗姆对此又进行了两个层次的探讨。

首先，假设官员是正直的，非常愿意帮助解决公共池塘资源问题。这时，面临公共池塘资源退化问题的当事人就会等待政府来解决问题。对于当地资源的占用者来说，其主要问题是如何向不了解当地情况但又有权、有积极性来解决当地问题的官员介绍当地的“事实”，以引导官员创造一种可以使一些人比另一些人境况更好的制度安排。那些拥有能向外部官员充分表达自己立场的资源的人，便最有可能赢得最有利于他们的规则（或例外解决办法）。从可能性上来说，正直、勤勉的地区或国家官员完全可能在一些他们管辖的公共池塘资源区提供很适合当地情形的新的公共池塘资源制度。但是，这种制度供给方式也会出现消极后果，“试图把一套规则强加于整个辖区，而不是制定适合辖区内各地情况的特殊规则，会使官员们在建立和实施那些对当地占用者似乎是有效而公正的规则时遇到极大的困难。试图使当地占用者承诺遵守那些被他们认为是低效率、不公正的规则是困难的。监督和实施这样的规则的成本必然要高于监督和实施由占用者参与制定的、适合当地情形的规则的成本。”

其次，假设官员是腐败的，不是正直的，这时制度供给问题就会变得更加困难。当地占用者也许有可能在法律框架之外创立他们自己的地方制度。然而，这些占用者必须是非常同质的，对他们的公共池塘资源的状况很了解，对他们同伴的行为很了解，贴现率低，并在整体上具有前面所列举的、在这个极端上所希望有的全部特征。更有可能的结局是如公地悲剧、囚犯难题和集体行动的逻辑等模型所描述的悲剧性结果，任何人都不与他人合作，所有的人都生活在恶梦之中（毛寿龙，2005）❶。

民众中蕴藏着丰富的自主组织、自主管理的资源，政府的全面管制和到处插手是摧毁民众自主能力的根源。我们现在面临的“初始状况”正是奥斯特罗姆所描述的：“几乎所有人都处在面对搭便车、规避责任或其他机会主义行为的诱惑的情形下”，在这种情形下，奥斯特罗姆的研究就显得特别珍贵。在重建合作制度时，我们建立较小的次级组织的资源是很丰富的，即我们的浓厚的血缘、亲情和邻里、社区的互助结构。著名的对策论专家艾克斯罗德在他的博弈论研究中（“The Evolution of Cooperation”，1995）也表达了类似的思想，即一个合作的小群体能够在总是背叛的环境中发展壮大，并且如果结构合适，它最终甚至能够改变整个群体❷。

4.3.2 历史环境的管治

1）历史环境与其他公共资源的相似性

埃莉诺·奥斯特罗姆教授为面临公共选择悲剧的人们开辟了新的路径，为避免公共物品的退化、保护公共事物、可持续地利用公共事物从而增进人类的福利提供了自主管治的制度基础。

思考公共物品所面临的公共选择的实践问题，尤其是思考如何避免环境的退化，并挽救已经在退化的环境，如断流时间越来越长、很可能永远成为内陆河的黄河、污染日重的淮河和太湖、日益退化的沿海渔场、砍伐殆尽的森林，甚至是日益滑坡的道德等。

作为一项更加脆弱的公共资源，城市历史环境除了具有不可再生性以外，面临着城市化的巨大压力，处于多种利益集团的过度使用之中。对于其研究的紧迫性不亚于其他的公共物品。

历史环境与以上所述的面临退化危险的公共资源相比，具有很多相似的

---

❶ 毛寿龙. http://www.1488.com/china/Intolaws/LawPoint/Default.asp?ProgramID=22&pkNo=2114. 2006-03-07.

❷ 张建川. http://wiapp.88990.com/bookreview/bookreview08.html. 2005-06-22.

特征：（1）作为公共物品，都具有上文所述消费上的非竞争性和消费上的非排他性；（2）在利益主体的竞争中处于退化和消失的边缘；（3）它们的退化和消失损害了每个主体的利益，包括近期利益和长远利益；（4）政府的统一管理逐渐显示出在复杂状况下的无能为力。因此我们有理由认为埃丽诺所总结的管治原则同样适用于历史环境的管治。

2）公共资源管治原则应用于历史环境

尽管作为一项理论研究，为了充分说明问题，埃丽诺将公共资源管治问题限制在了群体内部，具有一定的局限性，因为从管治的出发点来说，并不排斥政府的管理，但是埃丽诺的研究对于充分发挥公众自身的力量来说具有重要的意义。尤其是通过实证总结出了公共资源得以世代维持下去的 8 项原则，这些原则对于我们运用多种手段进行历史环境保护都有重要的价值。如果将以公共池塘为例的公共资源保护原则应用到历史环境保护中，我们可以得出以下的保护原则：

（1）明确需要保护的内容和范围，及相关主体的权利和责任；

（2）历史环境自我管治规则的制定要与当地的具体情况相一致；

（3）绝大多数受操作规则影响的个人应该能够参与对操作规则的修改；

（4）建立检查监督机制，时刻关注历史环境的状况及相关主体的行为；

（5）分级制裁。违反操作规则的主体很可能要受到其他主体、有关官员或他们两者的分级的制裁（制裁的程度取决于违规的内容和严重性）；

（6）冲突解决机制。主体和他们的官员能够迅速通过低成本的地方公共论坛，来解决主体之间或主体和官员之间的冲突；

（7）对组织权的最低限度的认可。主体设计自己制度的权利不受外部政府威权的挑战；

（8）分权制企业。在一个多层次的分权制企业中，对占用、供应、监督、强制执行、冲突解决和治理活动加以组织。

总体说来这几项原则的着力点不外乎几个方面：建立一个自我运行的企业式的内部运行机制；确定管治主体的责权利；明确历史环境的管治内容；制定适合的约束和协调制度（包括：使用制度、强制制度、监督制度、制裁制度、冲突解决制度）等。

第5章　历史环境保护困境之根源

在当今经济体制由计划经济向市场经济转型的深化过程中，城市历史环境保护产生了诸多的问题，这些问题的产生有深刻的根源。依据所处立场的不同又有分析问题的不同视角，本章重点从相关主体动机的根源分析这些问题产生的背景。

市场经济是推动生产要素流动和城市资源优化配置的运行机制，“一切产品、生产资料、生产要素均已商品化”。❶ 随着城市产业结构的优化、土地有偿使用制度的建立，历史环境特别是城市核心区的历史地段先天拥有的区位优势、历史文化价值等无形资产，都转变为市场所青睐的有形价值。由此引发的房地产开发浪潮，以简单化的大拆大建为手段，摧毁了许多历史环境中历经多年沉淀的多样化空间与社会生活特征。在市场经济法则的影响和约束下，单纯寄希望于道德伦理的准则及由此引发的精神感召力只会令历史环境保护工作步履维艰。

很多历史环境的保护工作只从文化的角度和物质环境的方面去探讨保护方案，很少将其置于当今城市发展的总体趋势中，深入探讨其中的经济理念和社会策略，难以协调、平衡参与保护的各机构的利益，导致保护的被动、短效，最终不可避免地造成破坏。

同济大学吴志强教授曾提出“在现代城市规划意义上，没有一个空间问题不是来源于社会经济问题，而没有一个空间技术上想解决的城市空间问题的最终解决是仅仅通过空间技术手段解决的”。历史环境保护的出发点应适应市场经济的大环境，利用切实可行手段积极引导保护工作的有序，而不是一厢情愿地加以限制与扼杀。并且“一个广泛使用用强制力的保护体系，实际上是一种公共资源的过度损耗，是对市民增进和改善自身福利的积极性的限制”。❷

---

❶ 政治经济学：20. 转引自：郭湘闽. 超越困境的探索——市场导向下的历史地段更新与规划管理变革. 见：2004城市规划年会论文集：求是，2004：786.

❷ 仇保兴. 追求繁荣与舒适——转型期间城市规划建设与管理的若干策略. 北京：中国建筑工业出版社，2002. 转引自：李凌岚. “城市经营”理念下的历史文化名城：[硕士学位论文]. 长安大学，2004：28.

管治理念的引入，使物质环境背后的社会根源和主体动机得到关注。以此为出发点可以看出当前社会转型期历史环境保护存在着多种不和谐的因素：主体利益动机不和谐；传统管理体制与市场条件下的管理需求不和谐；保护的客观要求与所需的支撑不和谐。

5.1 困境的利益根源——合力方向的偏离

随着市场经济的发展，社会群体开始分化，正从同质的单一性社会向异质的多样性社会转型。在社会转型过程中，社会利益结构也随之分化、重组，新的利益群体和阶层逐步形成。西方发达国家社会阶层或群体的“代言人”——利益集团正在中国城市社会形成之中（谢涛，2005）❶。历史环境更新中出现了包括政府、商业投资者、旅游开发商、房地产开发商、当地居民等在内的多元利益格局。

在不同的社会群体在为了利益的博弈过程中，历史城市或历史地段成为“战场”，因为我国除了极少的城市（如苏州）另建新城区以外，大部分历史城市的格局都是以旧城为中心进行扩展的。即使另建新区的城市，其老城区的吸引力仍然巨大。旧城所具有的土地增值潜力和人气聚集力，使建设性破坏具有强大的驱动力。在这种情况下出现了多种力量，为了研究的方便我们提取出其中最具代表性的三种力量。李凌岚认为这三种力量，即三个“积极性”推动着旧城改造运动：一是开发经营者的积极性。高回报率是他们的目标；二是城市政府的积极性。在人们最容易见到的地方，才最能表现其政绩，才能得到赞誉；三是部分居民的积极性。原来无力改善居住环境条件的，可通过改造得到居住条件的改善，或得到一定补偿❷。从以上视角来说，历史环境更新的实质是一个利益调整和重组的过程，各利益主体都抱有不同的意愿目标，像保护历史文化、实现可持续发展、改善居住环境、促进商业旅游开发等。因此它应体现为各种利益集团通过多重博弈最终达到均衡的过程（李凌岚，2004）。

在此需要注意的是，本该站在“裁判员”位置上的地方政府这时候也往往处于自身利益的考虑，成为利益博弈场中的一员。其实，上述三种“积极性”从客观上反映了目前我国历史环境保护中各利益角色存在的真实性和理由，如能被正确引导，协调平衡，就可以真正起到在促进现代化的同时保护好历史文化的传承。然而事实往往相反，多方利益的角逐成为历史环境破坏的动因之一。历史环境往往最终成为利益博弈的牺牲品。

---

❶ 谢涛．“和谐社会”需要构建多元的利益诉求机制．http://www.xczl.net/．2005-03-07．

❷ 李凌岚．“城市经营”理念下的历史文化名城：[硕士学位论文]．长安大学，2004：36．

5.1.1 城市管理者的追求

城市管理者的职责应该是以社会的综合最优发展为目标，使城市资源得到最佳配置。在技术部门的支持下，使城市的整体发展符合公众的利益。但是现实状况却是城市管理者以“最大经济效益”为目标，希望追求短期的经济增长和快速的辉煌表现而忽视社会整体的长远利益，对于相对隐性的历史文化效益则更是遭到忽略。

城市管理者追求短期效益的出发点导致了很多城市历史环境被当做绊脚石而遭到建设性破坏。如：一些有悠久历史的城市政府片面的将城市中的历史古迹看成是加快城市发展的包袱，是市政工程建设的障碍；“旧貌换新颜的雄心壮志”、急功近利的现代化建设充斥在名城建设中，成为城市政府的工作目标和政绩表现；科学的设计和建设过程被个人的意志所左右，规划管理职能部门沦为领导者实现个人目标的工具，于是，充满传统情致的居住区被毁掉以建设所谓“标志性”建筑；尺度宜人的历史街道被无情的拓宽；旧城中不多的公共空间为通衢大道而被淹没❶。

城市管理者短期内急于为自己立丰碑、不愿步他人之后尘的决策思想，导致即使某一届政府有较好的保护发展规划也很难实现或继续深入研究。然而，实现一个好的保护发展计划历时很长，几年、十几年、甚至几十年，是要多届政府去共同努力创造的，是集体团队合作的结晶。这种短视行为导致了历史环境延续与发展的快速消灭。

对待文物古迹或历史环境的荣誉这块金字招牌，大部分城市的管理者是乐意并积极接受的，但与短期的经济发展相比，有的城市领导选择了后者。赵中枢曾经举出一些实例（赵中枢，2003）❷：

平遥古城1986年被列入国家历史文化名城，当时的领导并不愿意接受这一称号，认为保护古城会影响位于城中的几家工厂的发展，进而影响平遥经济的发展。以后的领导认识提高了，平遥于1997年被列入世界文化遗产，以古城文化产业为龙头的经济发展有目共睹。这是后话。

江南某著名水乡城市需要制定位于该地的良渚遗址保护规划，该城市的领导人觉得保护良渚遗址会影响其城市经济的发展，在会议上明确表示“我们不会做一副手铐给自己戴上”。

1992年以来，随着土地批租转让升温，许多历史文化名城中都相继出现了拆改旧城的热潮。再加上这期间又有一些有影响的国内外投资者纷纷介入，向旧城改建项目上转移，以至造成了原有的旧城区的规划控制指标纷纷

---

❶ 李凌岚．“城市经营”理念下的历史文化名城：[硕士学位论文]．长安大学，2004：3.

❷ 赵中枢．中国历史文化名城保护理念与规划的若干问题：缘起．概念．主要论题．见：徐嵩龄，张晓明，章建刚．文化遗产的保护与经营——中国实践与理论进展．北京：社会科学文献出版社，2003：165-183.

被突破，特别是建筑高度限制被修改，建筑容积率被提高，古城风貌受到严重的挑战。甚至有的城市领导很认真地说："我们已经经过了认真的分析和研究，对于到底是按原规划限制建筑高度，控制容积率来保持城市的风貌呢？还是修改原有规划，按投资者的要求改变对建筑高度的限制，提高容积率，牺牲些'风貌'呢？我们决定还是要选择后者。"如果说领导者们不愿意承当保护名城的责任，或许是不公正的。在经济建设高速发展的时期，经济发展是第一位的，这是不可否认的事实。

诸多的城市管理者在面对历史环境保护的时候做出同样的选择，这个问题已经不能单单归咎于管理者的个体原因，而应该分析其后的推动力。在诸多的动因中，不得不认为虽然市场经济体制正在逐步建立，但由于计划经济思维的遗存以及种种现实境况的制约（如大量国有资产的经营、财政税收政策、干部政绩考核等等），各级地方政府将"以经济工作为核心"狭隘化为政府进行各种地域性的具体生产经营，政企不分的现象普遍存在。这不但分散了政府投入于社会公益服务与进行社会势力平衡的精力，而且由于政府本身将自己作为一个最大的"企业法人"进入市场竞争而不是扮演调控市场的角色，"经济效益"成为地方政府所追求的最迫切、最现实也最具有显示度的行动目标。❶

事实上，国外在与我们相同的城市快速发展阶段也曾经出现相应的问题。美国历史上的"城市美化"运动与我们当前出现的问题如出一辙。由于19世纪工业城市留下的丑恶而肮脏的城市风貌，"城市美化"运动曾引起了人们强烈的兴趣。城市美化运动以1893年芝加哥世界哥伦比亚展览会为起点，采取了"新古典风格"，以街道、城市雕塑、公共建筑、公园、娱乐设施、开发空间等手法，使城市成为美的所在。不可否认，城市美化运动是美国致力于改进城市景观的开始，但无论如何，在诸多社会问题还没有得到解决的前提下，进行纯形式主义的美化运动使美国的城市更新运动从一开始就脱离了社会现实，因为社会功能的满足要远远超过形式主义的涂脂抹粉，随后而来的各种压力很快就迫使这种城市美化运动的主题转变了方向❷。

反观国内当前的"美化"运动，其间所耗费的资金也为数不小，也可能会成为某种政绩的表征。但这对于社会深层矛盾的真正解决毫无益处，同时造成的历史环境这种不可再生的公共资源的破坏则是难以挽回的。

5.1.2 商业经营者的追求

商业经营者的力量原本应该是历史环境保护与更新的重要支持。但是现

---

❶ 张京祥. 论中国城市规划的制度环境及其创新. 城市规划. 2001年第25卷第9期，P22. 转引自：刘琼. 历史街区保护机制初探：[硕士学位论文]. 重庆：重庆大学，2003：12.

❸ 李凌岚. "城市经营"理念下的历史文化名城：[硕士学位论文]. 长安大学，2004：41-43.

实状况是商业主体的逐利本性决定了历史环境的保护往往让位于开发利润。现代商业的流水线式的快速与大规模开发模式造成历史环境改造中的“工厂化”生产，一些长期沉积下来的历史文化痕迹被无情抹去，旧区在开发以后都变得陌生疏远并且雷同，所传达的历史文化信息也已经很少。

国际文化资源保护与恢复研究中心（ICCROM）曾列举了现代商业对历史地段存续所构成的威胁：“从传统手工业向大规模产品的转变过程中，需要更大型的建筑以及相应的交通容量，而这是历史地段所无法承受的；用作商业的高层建筑的开发，将改变传统中心区的微气候循环并使之窒息”；“对于工业与商业运作方式及规模的改变，将影响到历史地段的经济功能”。❶可以看出，商业经营的目的往往与历史环境保护的目标难以相容。

当然，为了发掘历史环境无形资产的潜力，市场感觉敏锐的投资者以发展特色商业和文化旅游为目标，推出了相对温和的开发策略。最为知名的案例莫过于上海“新天地”，它通过对传统建筑形式的保留和内部功能的转换，造就了充满后现代意味的对比效果，这种充满张力的设计迎合了市场的需要，令其很快成为商业和旅游的热点。尽管兼顾了历史环境和经济开发利益的平衡，也不能改变开发商从本质上的盈利目的。也难怪其被评论家视为商业手段对历史文化的肤浅引用，认为其“建筑功能从一开始就被篡改了，它由一个贫民的象征转换成一个奢华的商业中心”，变成了“由贫民历史构成的布景”。❷

对于政府的约束，有规模的商业经营者也有多种应对手段可以达到自己的目的。而城市政府为了吸引投资，受经济利益驱使而放弃对保护原则的坚持，规划所确定的旧城建筑高度、风貌控制和容积率控制指标失去了法律权威性，代价是历史环境整体的社会、环境、文化效益的降低❸。

商业经营者的逐利冲动往往超越了对于历史文化保护的关注，其与生俱来的短视行为始终无法与历史文化保护的长远目标天然的兼容。这种局部经济利益的驱动，造成了旧城改造中房地产开发商的一种急功近利的价值观，忽视社会整体利益和长远利益，必然造成历史环境不可恢复的破坏。

5.1.3 生活条件改善——使用者和所有者的追求

城市人口的迅速增长，尤其是在老城区内的高密度贫困聚居，是导致历史环境破坏的一个重要原因。以太原市为例，截至 2000 年，旧城内居住人

---

❶ Management Guidelines For World Cultural Heritage Sites：79. 转引自：郭湘闽. 超越困境的探索——市场导向下的历史地段更新与规划管理变革. 见：2004 城市规划年会论文集：求是，2004：P786.

❷ 来自建筑的反讽. 见：南风窗. 2003，4. 转引自：郭湘闽. 超越困境的探索——市场导向下的历史地段更新与规划管理变革. 见：2004 城市规划年会论文集：求是，2004：786.

❸ 李凌岚. “城市经营”理念下的历史文化名城：[硕士学位论文]. 长安大学，2004：2.

口为30万人，居住用地469.65公顷，居住用地内每公顷近640人。太原市的人口分布很不均匀，大量集中于内城区，从太原市人口密度分布表可以看出包含一部分老城区的迎泽区和杏花岭区人口密度远远高于其他区域（图5-1）。

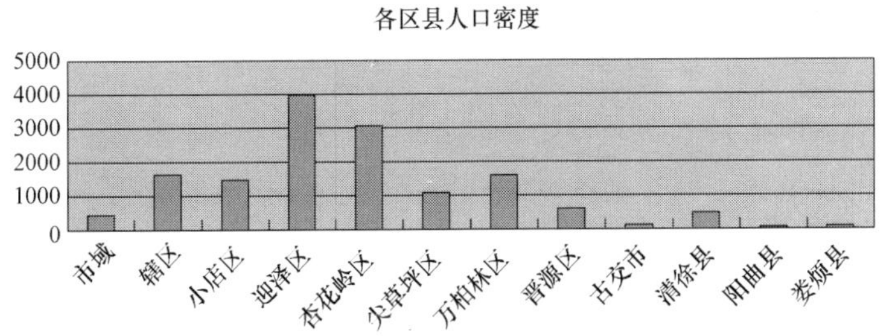

图5-1 太原市人口密度分布

来源：太原市总体发展战略规划研究

由于人口密度过大，生活在其中的使用者为了满足基本的生活需要，或者拓展自己必要的生存空间，加之在贫困的生存现状下，造成大部分历史环境有一些共同的衰败问题，常常表现为：

（1）风貌破坏。多数古老房屋危险残破，或经过多次翻建抢修已失去原貌。有的破旧危险，无法修复；许多历史院落已经插入不少艺术质量很差的非传统风貌的永久或半永久建筑，传统风貌残缺不全。

（2）大部分平房区生活质量很差。水（积水、漏雨）火（火灾、酷热）隐患尚不能完全排除，更谈不到享受现代生活质量。绝大多数不具备防灾能力，做不到每家一卫一厕，更谈不上更高的生活质量。基础设施、环境卫生设施的严重滞后，使居民生活环境质量和水平受到严重制约，并由此导致居民的乱搭、乱建、乱架、乱堆等行为发生，破坏了历史的空间环境特色❶。

（3）住户心理的不公正感。大多平房区的居民生活总的说来改善不大，有的甚至每况愈下。面对一座座使用宽敞舒适的新住宅，他们的心理极易受到伤害，以至可能形成不稳定的社会因素，这是应当严肃对待的一个社会不公现象❷。

这里有山西晚报的一篇题为“太原危房在秋雨中呻吟”的新闻报道❸：

---

❶ 李凌岚．“城市经营”理念下的历史文化名城：［硕士学位论文］．长安大学，2004：2.

❷ 王世仁．保存·更新·延续：关于历史文化街区保护的若干基本认识．见：徐嵩龄，张晓明，章建刚．文化遗产的保护与经营——中国实践与理论进展．北京：社会科学文献出版社，2003：204-212.

❸ 李遇，刘春娜，韩佳．太原危房在秋雨中呻吟．见：山西晚报，2003-10-16．http://news.sohu.com/77/29/news214512977.shtml.

这个秋天太冷了，酱园巷 23 号的柴大爷家已经开始生煤炉御寒。他们一家 4 口住在一间不到 30 平方米的平房里，往年曾出现不同程度的漏雨情况，前几天太原下了几场不小的秋雨，家里漏雨的情况更为严重。这两天趁天晴，大爷赶紧往屋顶上遮盖油毡纸、塑料布，同时生起了煤炉让家人取暖。家住靴巷 39 号的屈女士也有着同样的感受："我们家这平房，一下雨就受不了，感觉都快塌了。外面下大雨，里面下小雨。我们就盼着赶快拆迁呢!"

记者从柳巷街道办事处得知，柳巷地区这样的平房有几百家，有些平房年久失修已成危房。几日前的危房调查统计显示，有 30 多家出现漏雨情况，如图 5-2 所示。

那么，如何才能根本解决问题呢？另一位工作人员说只有加大旧城改造力度，加快旧城改造步伐。说白了，就是把这些房子都拆了，居民都搬入楼房，问题自然就解决了。(本报见习记者李遇 刘春娜 韩佳 胡增春摄)。

由此可见，恶劣的生活条件加大了居民和使用者的生存压力，能够满足生活的舒适和基本的温暖安居是使用者的最基本需求，在此需求还未得到满足的情况下大谈历史文化的保护和延续难以得到居民的共鸣。

图 5-2　图 9. 1. 10 太原历史街区中的危房

来源：山西晚报. 2003-10-16

总之，商业浪潮冲击下的历史地段面对着挑战，它要抗拒"基于政治或者是商业动机而提出来的修复甚至是重建这样不合理的要求"（李凌岚，2004)。还要面对不断增加的居住压力，而且这种压力会加速它的老化与衰败并且带来破坏性的或不合适的危改模式。

因此，处于多元利益角逐中的历史地段更新急切期待着社会公共权力的介入，来协调引导市场的需求，以改变市场自发作用下的历史环境破坏现象。

5.2 困境的权责根源——传统体制的困惑

西方发达国家的历史环境保护工作处于公众运动与法律颁布相交替的过程，在实践中发现问题并及时修改形成规范。而国内的管理体制却显示出不足，当市场取代计划成为历史环境更新事实上的指挥棒之后，面对由外部市场发育所带来的挑战，传统的管理模式却陷入了应变能力滞后的困境之中。

在计划经济条件下，我国城市规划对历史保护的调控主要采取的是一种机械的目标管理和计划控制方式。经过专家不断地呼吁和政府批示的重复过程，基本上是以自上而下的单向行政管理制度为保护制度的核心，相应的法律与资金保障体系则很不完善。仍然没有完全摆脱过去计划经济体制下形成的格局，无论在组织结构、管理机制还是在实施方法等方面，都难以充分适应这种新关系，造成在保护中的宏观规划、微观整治上的种种失误。因此，及时借鉴国外的经验，尽快补齐一些明显的空缺，适时调整，建构起一套完整而稳固的保护机制成为当务之急。

5.2.1 历史环境权属不明晰

1）管理权限方面

受到传统粗放管理模式的限制，很多历史遗存的产权归属往往没有一个明确的单位或责任人，人人可以使用，使用权的归属由地方政府特别是基层地方政府的行政长官来决定。难免出现或政出多门或无人问津的现象。

中国的文物保护机构设置分国家、地方两级，国家文化行政管理部门——国家文物局主管全国文物工作；地方各级文物行政管理部门管理本行政区域内的文物工作。

历史文化保护区和历史文化名城同样实行国家、地方两级管理。目前由建设部、国家文物局共同负责全国历史文化保护区的管理、监督及指导工作；地方各级历史文化保护区的保护管理工作由地方文物（或文化）、城建或规划部门共同承担；少数城市设立专门的名城保护机构（如广州、丽江、韩城）。

由此可见，除文物保护管理机构设置较为确定外，历史保护区及历史文化名城在保护行政管理职能上的分工还不够明确，有两个部门共同主管的体制不可避免地会出现：因存在两个或多个主管部门而造成的相互扯皮、推诿、职责不清的状况。而不像欧日等国家，对于历史遗产保护的不同内容、不同层次的保护管理都只设立一个行政主管部门，其他相关部门在自身职责范围内协助或监督该主管部门工作，管理机构的主线十分清晰，下级不能解决的通过上级解决，而不会出现混乱和扯皮的局面。虽然我国现在一些城市，如广州、韩城、丽江已设立专门的名城保护机构，但在全国范围来说这毕竟还是少数，因此我国的名城保护体制还应适时进行调整❶。

2）个人住宅产权方面

由于存在使用者并非所有者的现象，住户对于历史环境的维护缺乏动力。在历史居住区内公房所占的比例比较大，公房包括单位管理的自管公房和房管所管理的直管公房。以太原市为例，1997 年太原市共有直管公房 160 万平方米，危房面积 46 万平方米，占到了 25%，涉及居民 1.6 万户，5.6 万人，主要集中在鼓楼、杏花岭、五龙口、等历史聚居地区❷。直管公房的历史环境衰落较自管公房和私房明显。考虑到居民的承受程度，计划经济延续下来低房租直管公房中居民只需支付少量的房租，对于房管所来说靠这些房租的收入完成住宅维护是远远不够的。在接受媒体采访的时候，太原市某房管所的领导十分无奈：

余经理很坦白地说，经费太紧张，没钱修。他解释说，现在国家的政策是“以租养房”，但每年理论上的房租也只有 240 万元，除过房管人员的办公经费、工资等开支，能用到房屋改造上的只有 140 万元左右。余经理说：“每年的资金缺口大概有八九百万元。”❸

房屋的产权状况决定了房屋居住者对于住房的维护修缮及历史价值的态度。住在公房里的居民很难自己对住房进行维修，因为有些建筑结构方面的问题还需要涉及其他住户。最主要的是，居民不愿意自己对房屋进行投资维修，因为房子并不是自己的，但他们希望能够获得最基本的质量保证。很多居民都这样说，“我们不求别的，哪怕是给抹抹灰也好”。拥有房屋产权的家庭具有较高的投资修房积极性，但也担心将来被拆迁而蒙受损失（方可，1998）❹。

5.2.2 历史保护规划不可行

历史保护规划忽略了对于相关主体利益的平衡考虑而陷入被动。现行的规划手段主要是控制性详细规划和城市设计，从专业角度上看它们不乏对于历史地段的土地利用、环境风貌乃至历史文化价值保护的全面考量，但在实际操作中，由于编制过程与市场背景的脱节，致使其难以全面反映多元化的利益需求，往往只是一厢情愿地体现了延续历史文化的良好愿望。这种单一视角的规划方案尽管从专业技术角度看几近无懈可击，却仍然难以赢得市场

---

❶ 李凌岚．“城市经营”理念下的历史文化名城：［硕士学位论文］．长安大学，2004：38．

❷ 太原市房地产状况分析与初步对策研究．http://www.tyeic.gov.cn/jwxinxi/zwgk/swgh/02dcbg/18.htm．2006-03-05．

❸ 李遇，刘春娜，韩佳．太原危房在秋雨中呻吟．见：山西晚报，2003-10-16．http://news.sohu.com/77/29/news214512977.shtml．

❹ 曲蕾．居住整合：北京旧城历史居住区保护与复兴的引导途径：［博士学位论文］．北京：清华大学，2004：43．

环境下历史地段更新所必需的公众认可和社会支持，只能成为美妙但无法实现的蓝图（郭湘闽，2004）。历史保护规划的不足主要表现在以下几个方面：

1）缺乏宏观思路

欧洲国家的保护规划重视策略的运用。一般都把旧城历史环境保护一般通过立法保证规划的长期实施，同时调动各方面的积极性来加强保护力度。在保护中采取经济、社会和综合措施，充分利用尚有一定历史价值的老房屋，加以整修、改造，在维持其历史风貌的前提下，使内外的环境都得到根本的改善。更加重要的是充分考虑参与者的利益，使得改造具备可行性。当前我国许多历史地段保护规划基本上还在沿用计划体制下的编制思路，没有认真的研究市场条件的变化，仍然把更新的动力和资金来源寄托在政府身上。它们主要停留在静态的环境整治以改善旅游环境的层面上，以类似“环境整治规划”的名义出现，缺乏将更新过程与市场动态接轨的设想。而历史地段实质上应“成为更广阔领域的一部分，应当被视为今天动态的社会现实来研究，而不是被当成静态的考察对象或旅游景点”❶。

2）缺乏现场调研

历史环境作为历史延续下来的物质存在经历了较长周期的变化发展，在多重力量的作用下形成特有的现存形态。对待历史环境必须深入现场进行具体的调研和详细的分析才能切实做到有效保护。但是在现实中，单向的思维模式导致决策者的判断往往偏离了正确方向，常常由于缺乏必要的经济论证和社会论证，其可行性遭到了包括商业、旅游等部门和市场力量的质疑，难以在实践中推行。事实上“改善（历史地段）保护的举措同灵活的决策方式有关，并非仅仅是统计手段或者技术手段可以解决”，对于它来说，“社会与经济功能的规划才是至关重要的”❷。这种远离市场的管理模式使得规划部门与市场日渐产生疏离感，“对民间的投资意向和投资能力缺乏充分的了解，其结果往往是规划的理想设计因政府投资的不足而缺乏实施的动力，难以真正实现；而私人部门踊跃的投资开发意向在规划上的预先安排和考虑又不够”❸。缺乏现场调研的结果就是导致保护的决策不可行，实际的号召力和威慑力达不到现实的保护要求，常常成为书面上的公文而被束之高阁。

3）缺乏具体指导作用

---

❶ Management Guidelines For World Cultural Heritage Sites：80. 转引自：郭湘闽. 超越困境的探索——市场导向下的历史地段更新与规划管理变革. 见：2004 城市规划年会论文集：求是，2004：786.

❷ 城市经济学：175. 转引自：郭湘闽. 超越困境的探索——市场导向下的历史地段更新与规划管理变革. 见：2004 城市规划年会论文集：求是，2004：786.

❸ 城市经济学：175. 转引自：郭湘闽. 超越困境的探索——市场导向下的历史地段更新与规划管理变革. 见：2004 城市规划年会论文集：求是，2004：786.

一些保护规划的成果缺乏实施性，或者仅关注保护原则而忽视具体手段，导致规划的实际的执行则存在障碍；对于一些历史保护区的城市设计缺乏有力的控制和引导措施。对“与保护有关的规划设计要求”往往只有笼统的、概念性的文字描述，如“建筑的形式、高度、体量、色调应与文物保护单位相协调”、“不破坏原有的环境风貌”，缺乏更细化的规范，在处理实际问题时规划行政的自由裁量权过大、主观判断成分过多，造成保护管理的实际效果与力度欠佳。更有甚者，我们时常可以看到历史保护地段滥用和误用新建地区的设计手法，造成很不好的后果（李凌岚，2004）。

5.2.3 相关管理部门不协调

历史环境保护体制的不完善导致管理机构设置不合理，造成多头管理或无人问津。多种管理部门往往从自身利益出发，为了各自的既得利益与“地位”，无休止的扯皮、争斗，遇事只等上级政府的裁决，使得一些保护规划的编制与协调更是举步维艰❶。其结果往往致使历史环境遭到损失。比如在规划部门缺位的情况下，商业、旅游等接受市场信息较多的部门便越位承担了部分历史地段更新的任务，分别从各自的角度编制了相关的更新（开发）规划，历史环境的保护偏离了方向。此外，由于相关部门的不协调，导致“重建轻管”现象普遍。由于责任不清，造成了已整治改造的环境使用后质量明显下降，出现重复破坏的局面。❷

1）规划管理

规划管理部门关注城市的物质空间环境，尤其是用许可证书来管理新建建筑的审批控制。和其他部门一样，在地方政府首脑的实际控制下进行工作。对于没有责任明确到自己头上的任务，无论哪一个部门都不会主动去揽，历史环境的保护工作也是这样。谁愿意去揽一项没有资金、难以组织平级的部门配合的注定干不好的任务呢？

在历史环境工作中，规划部门主要沿用计划和行政控制的管理方式，缺乏弹性应变能力。在保护中存在着一些主要问题：一是，规划管理部门没有发挥市场经济的优势，没有以经济利益促进环境效益，积极的引入奖励和竞争机制，提高开发商对历史环境保护的重视和投资；二是，规划管理缺乏必要的法律权威性，没有形成科学系统的管理操作，在实施过程中控制不严，造成局部建设冲击城市总体结构，破坏历史街区的局面。❸

2）土地管理

当前土地管理部门的工作重点在于控制各种土地滥用，严格土地出让的

---

❶ 刘琼. 历史街区保护机制初探：[硕士学位论文]. 重庆：重庆大学，2003：12.

❷ 李凌岚.“城市经营”理念下的历史文化名城：[硕士学位论文]. 长安大学，2004：41-43.

❸ 李凌岚.“城市经营”理念下的历史文化名城：[硕士学位论文]. 长安大学，2004：41-43.

“招、拍、挂”程序。控制土地出让指标，组织拍卖。

当前城市快速扩展的形势下，土地供求十分紧张，有的城市已经把后十年的农用地转建设用地指标用完，为了配合市政府的发展要求，只能想出种种办法和借口解决土地出路。土地管理政策的刚性促使开发商瞄准旧城区的土地，不择手段地突破规划和文物保护的限制，在旧城中进行大规模开发建设。城市的发展开始转到旧城内，加上房地产业的兴起，土地的有偿使用，追求经济利润，在许多历史城市中，历史街区和历史建筑群被改造或拆迁。这样做，就使许多历史城市赖以传承的人文历史和传统风貌被拆得所剩无几了。有些引起了社会争议，如：浙江定海历史街区，杭州的河坊街区等。❶

3）住房更新

以房地局为主的危旧房改造作为政府的一项重要政策，每年有定量的改造任务。要完成改造的指标，同时没有具体的工作手册控制对非文物历史环境的保护，房地部门多采用“推平头式”拆除，然后见缝插针地建成一栋栋高层建筑，这样的更新方式对于按时（改造工期）、保质（成套性）、保量（成片改造）完成任务有很大好处。这种工作减少了与居民的矛盾，但是不但不利于一定比例的居民外迁，往往还在旧城内增加了容量。在房地部门办理各种手续的时候，在解困和危改的名义，甚至常常在住户的呼吁配合下，各个部门较易开绿灯放行，旧城的容积率和高度常常被突破。

4）文物保护

文物部门偏重于文物的管理性保护，目前我国国家及地方政府对文物保护单位的保护范围及其控制地带的行政管理职能划分与管理程序有较为完善、明确的规定，并基本形成与城市建设管理中建设工程审批程序的契合。

然而历史环境的保护不同于文物保护，有些人仍然过分强调《文物保护法》，用其中的条款作为每一种历史文化资源的保护原则，反对将市场化经营的一些手段、策略运用到名城的历史建筑、历史街区、历史古城的保护中去，认为“这一做法严重违反了文物保护法，违背了文物工作的规律，违背了国际文化遗产保护与利用的原则，它将对保护事业造成难以估量的破坏性结果”。这种理解走向了偏重保护的极端。

在我国，传统文物古迹保存办法及“指定制度”已远不能适应当代的历史环境保护，一个不能充分利用价值规律、无助于加快名城经济发展的保护，是不可能解决诸如保护资金短缺，历史遗产资源浪费，破坏严重，多方利益难以平衡等问题。❷

5）旅游开发

---

❶ 阮仪三．城市遗产保护论．上海：上海科学技术出版社，2005：240.

❷ 李凌岚．“城市经营”理念下的历史文化名城：[硕士学位论文]．长安大学，2004：56.

自1997年以来，将文物建筑纳入旅游部门的管理进行企业化的经营的问题，在文物部门和旅游部门间引起激烈争论。受经济利益的驱动，在地方政府的主导下，文物单位被纳入旅游企业的现象愈演愈烈。其主要方式有：

以“合署办公”的名义将文物单位并人旅游企业，如绍兴市；将文物单位直接并人旅游企业，如华清池、乾陵、法门寺、汉阳陵等；将文物单位租赁给旅游企业，如湘西凤凰古城和安徽宏村、屯溪老街；将文物单位的文物作为资产入股旅游企业，如曲阜“三孔”；将文物单位的门票作为经营性资产划入旅游企业，如兵马俑博物馆（陆建松，2003）❶。

文物保护单位的呼吁不易起到作用，作为尚没有列入文物的历史建筑或缺乏有效保护的历史环境更无法抵御这种商业趋势。然而旅游部门的旅游经营虽然能够发挥出历史环境的综合效益，解决资金难题，但是旅游部门却无法承担起历史环境保护的重任。因为旅游公司是一个从目标到制度均着眼于“利润”的营利性企业，其经营是纯经济导向的，经营内容仅是历史环境保护的一小部分非专业内容（如观光、餐饮、购物），对于历史环境保护的绝大多数内容，旅游公司或因专业性原因而无力承接，或因非营利原因而不愿承接（徐嵩龄，2003）❷。

5.2.4 公众参与制度不健全

历史环境涉及的相关主体很多，公众对于保护工作的积极参与和配合就成为一个关系保护结果的重要方面。从多元主体在社会中的力量来说，“影响政府决策的力量不断增强”。它们各自利益的冲突也必然要反映到政治领域，体现为对于民主参与和共享权力的追求。❸ 但目前在历史环境保护中无论是公众参与的程度、效果和参与机制都很不完善。表现为：

1）公众参与的程度有限

参与程度包括深度和广度。参与的深度是指公众在历史保护过程中参与决策、参与规划、参与整治建设的程度，以及参与监督作用的大小。我国历史保护中的公众参与多属于“象征性参与”。除少数大集团外，只有参与权，而没有决策权。参与的广度是指公众在历史保护过程中发挥作用的范围和公众参与的比例。我国历史保护中市民参与的权利通常由上级单位组织代替执行（而非代表市民意见执行），普通百姓很少有机会参与大规模的活动。

---

❶ 陆建松．“文物单位所有权与经营权分离”的再思考：论文物保护与旅游利用之间的关系．见：徐嵩龄，张晓明，章建刚．文化遗产的保护与经营——中国实践与理论进展．北京：社会科学文献出版社，2003：385．

❷ 徐嵩龄．中国文化与自然遗产经济学：缘起．概念．主要论题．见：徐嵩龄，张晓明，章建刚．文化遗产的保护与经营——中国实践与理论进展．北京：社会科学文献出版社，2003：145．

❸ 民主与公共决策研究：213．转引自：郭湘闽．超越困境的探索——市场导向下的历史地段更新与规划管理变革．见：2004城市规划年会论文集：求是，2004：786．

在具体的保护规划的编制、审批、实施过程中，公众参与也并不完善。在保护规划编制过程中的公众参与主要是规划设计院以调查现状，分析街区存在的问题为目的而走访公众，很少聆听公众对预期规划的想法；在规划审批阶段的公众参与也主要是专家论证，地方人大审议，这种公众参与仅局限于学术研究机构和地方政界的精英层次，使得公众参与在当地政要的左右下流于形式；在规划实施阶段的公众参与主要是一种被动式参与，多表现为由于某项建设活动产生的绿地、交通、噪声等问题严重妨碍了公众正常的工作、生活、学习或侵害了私人、团体利益，公众才会向主管部门、新闻媒体反映这些问题，甚至提出行政诉讼。因而，我国历史保护规划的公众参与迫切需要加强组织机构的建设，确保公众参与通过固定渠道顺利进行。❶

2）公众参与的效果欠佳

当前国内历史保护工作中的公众参与尽管已经建立起来，但是受到多方面的限制，公众参与的效果仍没有发挥出来。分析其中的原因除了公众参与的制度设计之外，公众的热情和和能力也有很大关系。首先，制度设计决定了公众参与保护效果几乎完全取决于掌握规划命脉的主政者价值取向和综合素质，决策、规划、管理中公众的意见有无反映和反映多少，公共众自身根本无法知晓，更无法落实和监督。加上公众的力量有限，层次不高，没有形成整合的集团力量，尚属自发的个人行为，对规划决策的影响微乎其微，公众参与流于形式（李凌岚，2004）。此外，以商业力量为代表的强势集团拥有行业协会和多种政治身份作为代理。然而弱势的普通民众还处于分散、无组织的状态，缺乏规范合法的代言机构，也没有发表意见的适当平台。强势和弱势集团在影响政府规划决策方面具有很大的不均衡性，无法平等的参与到事关切身利益的规划决策中来。这将加剧更新过程中社会经济的不平等状况，甚至引发社会动荡（郭湘闽，2004）。究其原因，主要是因为多元利益集团并没有均衡的发育为相应的社会组织。这种低效率的公众参与更加降低了普通民众的参与兴趣，不利于历史环境的保护工作。

3）公众参与的机制不健全

历史环境保护需要公众的支持，并且已经看出公众在历史环境保护中的重要作用，但是由于缺乏相应的机制和制度，导致公众参与无法有序进行。机制的缺乏主要表现为：公众参与保护的对象、机构、内容、程序、深度、职责、权利、义务和监督保障等体制均无明文规定，客观上带来了公众参与保护的随意性。例如：公众对于保护规划的编制过程缺乏知情、申诉和表达的权利；同时没有预留畅通的利益表达渠道，例如当前的规划评审过程仍然排斥社会公众的参与，只由少数专家负责论证（郭湘闽，2004）。

---

❶ 刘琼. 历史街区保护机制初探：[硕士学位论文]. 重庆：重庆大学，2003：40.

总之可以看出，我国公众参与保护工作就目前而言仍存在许多不足，在研究精英理论的专家看来，由少数精英垄断的公共政策制定过程将无法反映多元化的社会真实意愿。如果继续漠视它们的客观存在，将导致规划决策在片面与主观的道路上愈行愈远（郭湘闽，2004）。公众参与保护由于仍处于初级阶段，相应制度和机制的建立和完善是公众参与真正得到执行的而关键所在。

5.2.5 保护决策机制效率低

金字塔形的由上而下的政府权力运作体系一直是我国行政系统的核心。这种纵向的权力建构体系擅长于自上而下的控制与调节❶，但是在历史环境这种需要多方主体互动协作的工作中就显示出其难以适应的特点。

1）决策组织结构

当前在我国历史保护的决策机构中，占城市人口少数的领导者和管理者、开发商等往往事实上占据了最重要的位置，而广大公众处于相对次要的位置；主次要素力量对比过于悬殊，相互之间的关系产生异化。

一般来说历史环境保护工作的相关主体包括城市政府和领导者、规划管理部门、设计单位、投资开发商、公众以及城市的一些大型企业等等。其通常的决策组织形式是：领导者一般处于重要的核心地位；以其为中心，管理部门要领会和执行上级的精神和政策，设计单位要提供技术支持；开发商对经济利益的追求在很大程度上影响政府决策者的意图；广大公众是决策最终结果的接受者，处于“金字塔”形决策框架的最底层（李凌岚，2004）。这种决策体制在需要高效决策和快速推进的情况下有其合理性与优越性，但在大多情况下是不适宜的，更多结果是因为武断决策造成的巨大浪费和无休止的后遗症，以及政府工作难以得到公众的理解与支持（哪怕工作出发点是为了公众利益），这在保护规划中是屡见不鲜的（刘琼，2003）。

2）决策中的激励与约束机制

在当前历史环境的保护工作中决策失误的问题之所以普遍存在，重要的原因就在于激励与约束机制的欠缺，或者是激励与约束的双重不足。

激励不足首先表现在决策者的责权不对称，如报酬偏低，职务消费受到严格控制，退休后待遇不高：其次，缺乏声誉机制。如无公开、全面、真实、连续的业绩档案记录，缺乏科学和可操作的政绩评价标准等；第三，个人成就感体现困难。决策团体成员的责权利（这里包括精神奖励）不平等等。由于激励不足，导致决策者态度消极，如不愿承担责任、决策随意（不热心制度建设，不热心于艰苦的信息收集工作）、不愿意学习（学习会付出成本，激励不足意味着所付出的学习成本得不到相应的回报），甚至腐败。

---

❶ 刘琼．历史街区保护机制初探：[硕士学位论文]．重庆：重庆大学，2003：12．

此外，缺乏激励也是专家和公众参与决策的障碍，他们参与决策和监督的积极性不高，是因为其付出的成本和收益不平衡。总之，激励不足导致决策交易成本提高，效益减低。而约束不足，就会造成前面所提到的诸如决策行为短效性（表现政绩，只顾短期效益）、决策行为非连续性（换一届政府搞一套规划行为）等问题❶。

5.3 困境的外部根源——所需支撑的不足

5.3.1 资金

历史环境保护所需要的最大支撑是资金问题。历史环境的保护与发展会涉及相当数量的居民外迁安置费用、市政设施改造费、历史风貌建筑的修缮维护费用等大量资金，数额巨大，这些资金如果仅靠政府财政支出则难以为继。

与文物保护的资金来源对比可以看出我国历史环境保护资金无论从筹集、分配还是运作上都十分薄弱。特别是在仍有人居住生活的历史街区大多数房屋的产权属于政府，由房管部门管理，而房管部门长期以来按“以租养房”的运行模式，其维修经营取决于房屋租金收入的多少。随着福利性房屋租金制度的长期延续，公房租金普遍偏低，维修经费短缺，针对文物建筑保护与修缮的经费更显得捉襟见肘❷。在发达国家，如希腊的《古物法》、意大利的《保护艺术品和历史文化资产法》、西班牙的《历史遗产法》，都有与经营内容有关的详细规定❸。国外通过经营拓展资金来源的手段十分丰富，这一点与我们的差距很大。

资金不足的主要原因在于管理中对于资金拓展手段过于单一，表现为：(1) 政府无力负担全部保护、修缮等费用，从而投入资金严重不足；(2) 缺少对其他投资融资渠道的奖励与补偿，如开发商对于历史建构筑物、历史街区的保护改造，因可图之利很小而不愿投资；(3) 对于历史建、构筑物、历史街区等历史环境的维护由于无直接效益而不愿负责❹。上述多种表现致使历史环境保护工作难以持续进行。

5.3.2 法规

我国的保护立法体系采用国家立法与地方立法相结合方式，国家制定全国性保护法律、法规性文件，地方在立法权限范围内制定地方性法规、法规

---

❶ 李凌岚．“城市经营”理念下的历史文化名城：[硕士学位论文]．长安大学，2004：40.

❷ 刘琼．历史街区保护机制初探：[硕士学位论文]．重庆：重庆大学，2003：58.

❸ 徐嵩龄．中国文化与自然遗产经济学：缘起．概念．主要论题．见：徐嵩龄，张晓明，章建刚．文化遗产的保护与经营——中国实践与理论进展．北京：社会科学文献出版社，2003：121-162.

❹ 李凌岚．“城市经营”理念下的历史文化名城：[硕士学位论文]．长安大学，2004．40.

性文件。与欧、美、日等国家的法律制度相比，我国历史环境保护的法律制度仍显缺乏。

1）与我国历史文化保护体系相对应的全国性法律、法规不完善。在由文物、历史文化保护区及历史文化名城组成的三个保护层次中，文物保护法律体系已基本形成。从宪法、专门保护法、文物保护法到相关法律如城市规划法、环境保护法等以及地方法律文件的颁布设施，标志着我国以文物为中心的保护制度趋于成热；以历史文化名城为中心的保护立法则以地方法规的制定为先导，还有国家颁布的名城保护规划编制办法及审批程序有关文件，明显看出法律文件数量很少，强制力较弱；而对于历史文化保护区的保护立法体系尚未形成。

2）目前有关保护的法规文件多以国务院及其部委和地方政府以及所属部门颁布、制定的“指标”、“办法”、“规定”、“命令”、“通知”等文件形式出现，大部分文件由于缺乏正式的立法程序，严格意义上都不能算作国家和地方的行政法规。由此反映出我国保护仍过多依赖于行政管理，过多依赖于“人治”而不是“法治”的现实状况。

3）法规性文件涉及内容的广度与深度不足，可操作性不强。我国现行的法规文件的内容往往以明确保护对象、保护内容与方法为主要内容，而对保护运行过程中，具体管理操作所涉及问题的法律规划十分缺乏。如保护中具体范围的确定方式、保护管理的机构设置与运行程序、监督、反馈机构设置与运行程序、保护资金来源与比例以及违章处罚规定、公众参与等均无具体的内容，民主监督制度在我国保护的法规体系中也是“空白区”。而且我国目前的《文物保护法》中未对近代建筑保护利用作具体规定，更未确定“登录制度”。对已确定为优秀近代建筑的单体建筑主要是参照文物保护的办法执行，一些条款规定的过严，不利于对众多近代建筑遗产保护和积极再利用（李凌岚，2004）。从现实情况更不利于历史保护。

5.3.3 观念

观念是决策、实施的灵魂，我们必须从政府到市民更新保护观念，纠正偏差，有效制定保护措施和实施保护规划。对历史环境保护的认识和观念存在偏差，主要存在于以下几个方面：

1）对城市发展的片面理解

在当今城市化加速发展的阶段，城市建设的力度加大，一些政府和市民误将历史遗迹和历史街区的城市风貌与城市现代化对立起来，有的领导和媒体在介绍历史文化名城的城市建设时，常用“好多人都不认识了”来形容变化之大。历史环境被认为是与现代化不和谐的音符，是落后的代表而被轻视，任由开发商在改造中随意拆除和损毁。

赵中枢曾经撰文批评这种现象：试想一下，一座历史文化名城，失去了历史风貌，变得“不认识了”，这到底是好事还是坏事，很耐人寻味。它还能称为“历史文化名城”吗？

首先，历史文化名城中的主要标志物不能变得“好多人都不认识了”，假如天安门广场变得不认识了，对于北京人，全国人民包括海外同胞，会是一种什么样的感觉？

其次，历史文化名城中的重要文物古迹及其环境不能变得“让人不认识了”。古迹及其环境承载着历史的信息，一旦改变，历史的信息就会终止，原有的面貌不可复得。遵义会议会址是具有重要历史意义的文物保护单位，虽然本身得到了保护，但其周围原有的历史环境被拆除，改造成大广场。人们到了这里，再也感受不到当时的历史氛围，感受不到当时红军的困难处境，也难以理解遵义会议的重大意义。

第三，历史文化名城中的历史文化保护区的街道格局和传统特色，不能变得让人认不得，倒是应当提倡福建泉州市中山路的“全面洗脸，局部镶牙”的整治环境的做法。

另外，脏、乱、差的环境应该得到治理。“龙须沟”应该变得整洁得让人认不得。在历史文化名城的新区，可以创造全新的面貌❶（赵中枢，2003）。

2）对改善城市居住环境的误解

很多城市政府决策者的确是出于对居住在历史建筑、历史街区、古城镇的居民不能享受现代化城市居民应有的生活居住条件而担心。他们习惯于将人均居住面积、绿化面积作为衡量人居环境的简单尺度，总认为旧城就是过去岁月留下的烂摊子，不少是属于亟待解决的“危房”，要旧貌换新颜，就必须“破旧立新”，于是将旧城的旧宅全部拆除。

长期以来，中国的历史保护工作存在着“详远而略近”、“识大而不识小”、“因人害物，求全责备”、“崇假而贬真”的观念偏差和行动失误❷。而且随着现代化生活方式的浸透，导致了类似保护会全盘冻结生活水准的错误理解，使当地居民对保护工作敬而远之的情况为数不少；当国家部门自上而下实施历史环境评价，进行规划控制时，也会引发强烈的逆反行为。

3）对保护对象的认识片面单一

长期以来，历史文化名城的概念与标准是依据《文物保护法》中“保存文物特别丰富、具有重大历史价值和革命意义的城市”的规定而定的，由于

---

❶ 赵中枢．中国历史文化名城保护理念与规划的若干问题：缘起．概念．主要论题．见：徐嵩龄，张晓明，章建刚．文化遗产的保护与经营——中国实践与理论进展．北京：社会科学文献出版社，2003：165-183.

❷ 唐历敏．人文主义规划思想对我国旧城改造的启示．城市规划汇刊，1999（4）．转引自：李凌岚．“城市经营”理念下的历史文化名城：[硕士学位论文]．长安大学，2004：26.

这个标准不够严谨，结果对保护对象的认识常常是重“古”轻“近”。保护级别的划分、文物建筑的确定，多以历史长短“论资排辈”，重传统建筑等遗产，轻近代建筑及城市文化环境。只有文物建筑保护，没有历史街区的观念，使得传统建筑与建筑环境被割裂，城市环境意向、景观特征遭到破坏❶。特别是对于古迹周边赖以依存的历史环境存在错误的理解和认识，这些环境被看做是累赘，往往全部被拆除，种上草坪和灌木，以为这样才是对古迹的保护。

4）保护与旅游开发关系的混淆

保护与旅游开发本应互相促进、相辅相成，英国的《城市规划导则》解释说：“保护我们的历史及自然环境，能在推动经济繁荣中起到重要作用，例如，可以繁荣旅游业的增长，或者由于生活、工作环境的改善而吸引对本地区的投资。在许多经济决策中，环境价值成为越来越重要的因素。”（赵中枢，2003）。但是由于观念的错误常常片面地理解旅游开发，特别是在看到历史环境可以带来大量旅游收益的时候，仅仅看到旅游资源，而将保护工作理解为开发的手段，甚至更为极端的会发生毁坏历史环境去开拓旅游资源。

从北京琉璃厂拆除原有传统建筑建新的仿古建筑开始，全国陆续出现了承德的清代一条街，开封的“宋街”，沛县的“汉街”，使许多有价值的历史街区沦为“假古董”。其中有些“假古董”在短期内也取得一定的经济效益，以至出现竞相仿效的情况。但后来它们不再成为人们热衷的对象，旅游收益迅速减少，使得历史文化遗产的保护和旅游开发都误入歧途。这种形式的开发建设是与文化历史保护的原真性原则相抵触的，是对真正的历史文化遗产的破坏。❷

5）只重物质形态忽视生活方式

目前，很多人对历史街区的认识仅停留在物质空间形态上，只重视对历史街区客体形态的保护，而忽视了对主体生活和生存方式的保护。尽管历史环境的客体形态，是主体赖以存在的载体，但是更深层次上，生活于客体形态之中的居民群体及其生活方式，是共同根植于物质形态之上的统一整体。

一些地方提出将历史街区中的居民全部迁出，把民居全部改为旅游和文娱设施，这种做法也是错误的。从某种意义上，保存和延续街区的场所精神与社会网络，比维护文化传统的物质环境更为重要。前者是生活的力量，是精神的化身，而后者只不过是前者的表现形式❸。

---

❶ 李凌岚．“城市经营”理念下的历史文化名城：[硕士学位论文]．长安大学，2004：37.

❷ 刘琼．历史街区保护机制初探：[硕士学位论文]．重庆：重庆大学，2003：12.

❸ 刘琼．历史街区保护机制初探：[硕士学位论文]．重庆：重庆大学，2003：12.

第 6 章　历史环境变化模式之太原实证

本章通过太原的实地调研和资料整理，用太原市近年来发生的几种不同模式的历史环境更新来实证多种模式的特点，并提出各种模式存在的问题和需要改进的方向。

图 6-1　裕德堂照片

6.1　政府主导模式的历史环境更新——以裕德东西里改造为例

6.1.1　概况

杏花岭区裕德里街区，是太原市保存较完整的一个传统街区，曾经被市政府确定为“传统街区保护区”。这里原为阎锡山兵站总监黄国粱的住所，民国初年，黄在其住所周围购得大片宅地，并建起一座名叫“裕德堂”的二层楼房，二十年代后又相继出售宅地，逐渐发展成一片住宅区，因为这里地势平整高亢，新中国成立前大部分居住着阎锡山的中、高层干部。这里以其堂号取名裕德里，堂东称裕德东里，堂西称裕德西里，街区西为北肖墙路，北为坝陵桥北街，南为坝陵桥南街，路网成方格状，分大街、胡同、小巷三级，道路系统严谨有序，大街交通方便，小巷环境清幽，建筑多为四合院，院与院直接拼接，由六十个大小不等的院落组成，用地十分紧凑，是太原传统街区的典型代表（图 6-1 裕德堂照片、图 6-2 裕德里街区平面图）。

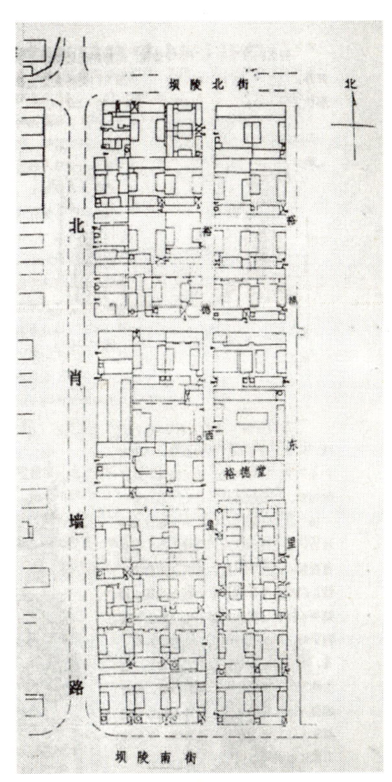

图 6-2　裕德里街区平面图
来源：乔含玉先生书稿．太原城市规划建设史话

其中的裕德堂是在民国初年修建的一座二层楼房，位于裕德西里 6 号院，它坐北朝南，为砖木结构，悬山顶布筒瓦，木板楼梯，明廊砖砌凭栏，占地面积 1449 平方米，建筑面积 724 平方米，共建房 42 间，现住有 34 户人家，因年久失修，曾定为危房，亟待加固和维修。该建筑在“重点街区保护”范围内。

6.1.2 过程

图 6-3　新建的东大花园平面图
来源：笔者根据相关资料绘制

20 世纪 90 年代中期，城市经济的迅速发展带来了城市人口和交通的巨大压力，裕德东西里所在的位置处于新规划的南北向城市干道的位置。这条城市干道处于太原市的传统商业街柳巷的延伸线上，不论对于城市的形象和商业价值都十分重要。在城市政府急于改善城市交通状况和城市形象“旧貌换新颜”的思路指导下，打通这条道路成为市政建设的重点工作。然而传统居住区内高密度的居民数量使得拆迁的代价很大，市政建设资金无力承担如此巨大的压力。在相应的城市经营理念和融资手段尚不成熟的情况下，如同当时全国的很多城市一样，“以地养路”成为解决问题的首选。开发商为市政建设垫付资金，作为回报城市以土地划拨的形式对开发商进行补偿。总用地 3.38 公顷的裕德东西里就是在这样的情况下，被开发商改建成为容积率 5.5 的高层商住楼（图 6-3）。建筑体量的巨大给周边小尺度的传统街区造成强烈冲击（图 6-4～图 6-9）。

裕德东西里在拆除之前已经被列为历史街区，项目的操作过程中尽管有不少来自规划局和文物部门的专家极力呼吁，但是在缺乏相应法律法规的情况下，这些市政府的下设机构根本无力同地方政府的决策相抗衡。总体说来点状分布的文物保护单位受到相对完善的法律法规的保护可以得到有效保护，而历史街区的命运则没有这么好。

图 6-4　旁边仅剩的历史院落

图 6-5　旁边历史院落的衰败
摄于：2006 年 11 月

图 6-6　旁边历史院落的衰败

6.1.3 评价

由于中国的历史保护起步较晚，相应的理念、机制、法规尚不完善，造成城市历史环境的建设性破坏。更重要的是在城市建设中，地方政府面临着绩效的压力，在同周边城市和同级别城市的对比过程中，急于改变面貌以增强城市竞争力。在城市建设资金不足的情况下，核心地段土地经营成为重要手段。在同样原因下，大多处于核心地段的历史街区遭到多种方式的破坏。

图 6-7 拓宽后的三墙路上东大花园的巨大体量

图 6-8 东大花园巨大的体量与旁边历史环境尺度形成鲜明对比

图 6-9 沿街照片

摄于：2006-03-11

从管治角度来分析政府主导历史环境更新模式，其权力导向是由上至下型，它以政府为主，强调绩效、效率和能动性。在历史环境保护与更新活动离不开政府的管理和控制，但是政府主导的一元快速更新方式恰恰是与历史环境的需求相矛盾的。我们已经探讨过能够较好应对城市公共资源的管治模式的四个要素：多元、和谐、灵活、持续。政府主导的一元化的历史环境更新主要存在以下几方面的问题：（1）自上而下的一元管理模式决定了项目的决策不容易契合多元复杂的历史环境现状，也不容易灵活地处理管治过程中出现的各种问题；（2）政府对于效果的追求，是由其工作成绩需求决定，城市环境包括历史环境的更新状况最终的效果到底好坏常常不是由生活在其中的市民决定的，因此“投资少，见效大”的思想很容易体现在更新原则上，这常常与历史环境所需要的保留原真性、延续历史文脉的理想相矛盾；（3）政府对于效率的追求。科层制中职务的升迁有一定的周期，任何理性的官员都会重视项目的速度，同时一些相关制度（比如财务制度等）有年度周期的限制，不会允许项目的久拖未定。这些情况都同历史环境更新的持续特性要求相矛盾。

上述实例政府主导模式中又掺杂了开发商的作用，使得问题根源更加复杂。

当然，历史环境也离不开政府的管理。政府可以提供更新所需要的必要资金，这在当前历史环境改造资金来源比较单一的情况下，是非常重要的。政府可以较容易地协调相关的土地、规划、文物等部门的合作。更重要的是公众对于政府的信任远远胜过开发商和其他组织。这对于当前政府主导的历史环境更新工作非常有利。

6.2 市场主导模式的历史环境更新——以柳巷商城建设为例

6.2.1 概况

桥头街是上世纪太原市最为繁华的一条商业街，从山西票号在全国打响的那时起，桥头街就成为山西商人开办“买卖”、“商号”的选择地。

从宋朝开始，太原的柳巷、钟楼街、桥头街就是繁华的闹市。清中叶以后，随着太原经济的发展，逐渐出现了封建性行会，统称“十大行”❶。清光绪三十三年，正太铁路通车后，改善了太原的交通条件，促进了商业的进一步发展。这里包括很多名老字号和历史居住院落以及古树名木。

太原的名老字号大多建于清末、民国年间。这些老字号历史久远，涉及的商业类型众多，有市场、食品、制药、饭店、像馆、茶庄等。它们大多是将临街的房屋打开成为店面，门面后院落房屋或为业主居住，或作店的作坊，统称“前店后坊”，如益源庆、六味斋、双合成等均为此种布局。

由于老字号的历史悠久，经过多年的传承、发展，已成为人们心中一种地标性的象征，一种历史文化。在太原人心目中，桥头街留下的是永远都抹不去的记忆。

太原旧城内的名老字号直到本世纪初基本保持在原有的旧址。大部分的老字号经过悠长历史的洗礼，原有的风貌已不复存在，有的建筑进行了翻修，有的建筑则年久失修，而且各老字号的经营状况也失去了往日的繁荣、兴盛。

随着城市建设的发展，旧城改造的加快，在钟楼街、柳巷地区出现了新型的商业业态、现代化的商业建筑，不仅对名老字号陈旧的经营形式、商品种类提出了挑战，同时在建筑格局、风貌上也产生了严重的不协调。

C房地产开发公司❷所开发的柳巷商城，总用地12公顷，总建筑面积349042平方米，占据了整整一个街区。总建筑密度47.1%，容积率2.6。一个庞大的，脱胎换骨式的改造替代了原来的以一二层为主的院落式的建筑（图6-10）。柳巷地区有80%的建筑为明清及民国时期所建的民居，另外还有清和元、宁化府益源庆醋厂、双合成等老字号店铺等。该地区的民居建筑古朴、院落结构紧凑、布局合理，极好地反映出太原作为历史文化名城特有的文化风貌，是典型的太原民居代表。

存在了百年以上的一些老店不得不异地迁移，迁移的名老字号包括双合

❶ 十大行包括：粮行、油面行、布行、药行、干菜行、酒行、鞋帽行、典当行、杂货行、银行等，乔含玉. 太原城市规划建设史话. 太原：山西科技出版社，2007.

❷ 本书中以英文字母代替相关当事人和单位的真实姓名。

图 6-10　新建的柳巷商城

摄于：2006-01-08

成[1]、清和元[2]、认一力饭店[3]、乐仁堂药店[4]、天津包子铺、大观园澡堂[5]等。由于道路的拓宽，新建建筑的尺度和形式都与原来的建筑产生重大变化，另外一些老字号的风貌整体性受到严重破坏。受到影响的名老字号如：益源庆[6]、六味斋[7]等。表 6-1 是太原市旧城历史商业区名老字号一览，其中用颜色加深强调的部分是柳巷商城建设中被异地迁移的名老字号，和因柳巷商城的建设导致街巷尺度和建筑尺度反差巨大，已经完全失去原有历史环境的名老字号。

---

[1] 双合成位于柳巷，已有 70 多年的历史。总店在石家庄，大约在民国初年，在太原大剪子巷开设分店，名成。

[2] 清和元位于桥头街，是一家具有 300 多年历史的清真老店。始建于明末清初，当时著名的傅山先生将母亲早点食用的“八珍汤”配方授给该店主人，并书写“头脑杂割清和元”牌匾，从此该店名声大振。

[3] 认一力饭店位于桥头街，始建于 1930 年，1985 年 12 月改建，其经营的蒸饺为太原十大名吃之一。

[4] 乐仁堂药店位于柳巷中段，是太原市久负盛名的老字号药店。该店总商号在天津，于 1928 年开业，1932 年太原分店开业。

[5] 澡堂坐落于南肖墙街中段，占地面积为 600 平方米，建筑面积为 480 平方米，是一座钢筋水泥筑起的三层红砖楼房。“大观园澡堂”一名，取自《红楼梦》一书中的大观园。民国十八年间（1929 年），阎锡山属下四家官僚合资建起了这座澡堂，并起名“大观园澡堂”。此堂专供“达官贵人”享用，不对外开放。1949 年 4 月 24 日太原解放，大观园澡堂收归国有，经修葺一新，正式开放，成了广大劳动人民休息与讲究卫生之场所。1966 年“文化大革命”开始后，改名叫大众澡堂，直至 1980 年 11 月又恢复大观园澡堂原名。

[6] 益源庆醋厂位于桥头街宁化府巷内。宁化府原为明太祖朱元璋之孙“宁化王”朱济焕的王府所在地，当时益源庆为王府酿醋小作坊。该厂建于明嘉庆年间，现存制醋铁甄上铸有“嘉庆贰拾贰年七月吉日成造”的铭文。当时为山西最大的制醋作坊。

[7] 六味斋酱肉店位于桥头街西口，开设于 1928 年，是北京“天福酱肘店”、“铺云路肉店”和天津“天盛肉铺”等店的徒弟来太原创建的。当时地址在达达巷，取名“福记熟肉铺”，1956 年更名为“六味斋酱肉店”。

太原市名老字号一览表 **表 6-1**

序号	名称	地址	时代	备注	序号	名称	地址	时代	备注
1	亨得利	钟楼街	1917		13	天津包子铺	桥头街东口		
2	乾和祥茶庄	钟楼街			14	太原饭店	柳巷北路		原名正大饭店
3	华泰厚	钟楼街	1928		15	上海饭店	钟楼街	1926	
4	双合成	柳巷北路	民国		16	和平剧院	南肖墙	1950	
5	老香村	钟楼街	1927		17	长风剧场	柳巷南路	清	原名新民剧园
6	益源庆	桥头街	明		18	山西剧院	柳巷北路	1931	
7	清和元	桥头街	明末清初		19	恒义诚	钟楼街	1937	
8	六味斋	桥头街	1928		20	亨升久鞋店	靴巷		
9	认一力饭店	桥头街	1930		21	大观园澡堂	南肖墙	1929	
10	大宁堂药店	钟楼街	明末清初		22	鸿宾楼	解放路		
11	乐仁堂药店	柳巷北路	1932		23	太原面食店	解放路		
12	顺天立药店	柳巷北路							

来源：笔者根据相关资料整理

新建中的“太原王府井”、“巴黎风情一条街”，丝毫没有考虑原有历史环境的延续，采用的是“推平头”式的更新方式。

6.2.2 过程

改造中，为了达到商业目的，开发商尽可能地增加商业面积，回迁住宅楼的间距十分接近，曾引发过周边居民的日照纠纷，通过政府的出面调解用补偿谈判方式解决。为了达到拆迁的目的，开发商使用了多种强硬手段，引发了很多拆迁冲突，其中较为典型的是被媒体披露的双合成的老店在与开发商激烈冲突。下面是中国商报报道的部分内容。

2003 年 11 月 20 日，老字号窗外发生了惊心动魄的一幕：两根圈梁从天而降，其中一根重重地砸在双合成二楼空调室外挂机上，另一根就斜砸在毗邻的双合成南墙。“砖头从窗子外冲进来十几米，办公室空调、董事长办公室窗口的外墙、一楼车间、市场部的窗户、电脑、打印机都砸坏了。一名在电脑旁工作的员工手指也被砸伤。”

11 月 21 日，第一次协调。未果。

4 天后，C 公司继续拆。双合成一楼财务部的墙壁上被挖土机砸开两个大洞。主管安全的副经理李太青到现场交涉，施工人员将其打成鼻梁骨骨折，眼球出血，软组织受伤，住院一个多月。赵光晋再打电话，太原市副市长乔亮生发出命令，“双合成 30 米之内不能拆迁。”

但是，C公司继续拆。

过年后，C公司仍继续拆。派出了5辆面包车、20余人守在拆迁现场强拆，李太青说，当时在场的人都能听到C公司人员的叫嚣声，“老子在自己的地盘上，想咋干就咋干……”双合成一名职工被挖掘机从拆迁废墟上甩下，左手被划伤，伤口缝合了12针。后110出警制止。

以后3天，C公司拆迁始终没有停止。双方冲突不断。

3月7日下午，C公司继续拆。双合成二楼东墙生产车间被挖土机砸了个大洞。

4月3日，C公司继续拆。“砖头、石块、玻璃倾泻而下，工人再次被砸伤。”

4月6日、7日，C公司派人扯掉双合成条幅。一伙人将双合成女职工打成脑震荡。

7月29日上午，双合成柳北总店内闯入了20余人，他们进来后，也不说话，一哄而上，分头将店内货架上的食品往地下乱扔，把瓶装饮料和盒装牛奶往地下摔，顾客四散而逃。双合成为此向柳巷派出所报警，要求对方赔礼、赔偿。8月1日中午，双合成总店内又闯入了几十名民工，他们手持酒瓶，横冲直撞，一下子就占满了店铺，并随手拿起货柜架上的食品吃起来，当营业员上前阻止时，民工满嘴脏话，瞬间店内一片狼藉。双合成职工再次报警。

这些民工都来自C公司的拆迁工地。7月29日的民工来自D建筑公司；8月1日的来自E装饰有限公司（闵元，中国商报报道）。❶

最终，双合成没能够抵制住开发商的强势，搬迁出去。不久，此地段内另一家，也是唯一留下来的老字号山西陈醋的老作坊益源庆，遭到了不明人物的打砸❷。

除了历史街区和老字号遭到破坏以外，几棵见证历史沧桑，构成历史环境的重要标志千年古树名木❸也遭到了砍伐。表6-2是旧城区古树名木已遭破坏情况一览表，其中用颜色加深强调的部分是柳巷商城建设中被破坏的古树名木。

---

❶ 闵元．“倚老卖老”的老字号敢对拆迁说不．中国商报网站．http://www.cb-h.com.

❷ 昨日凌晨12点30分左右，太原老字号“宁化府益源庆”老陈醋厂被几个不明身份的人拿着铁棒、铁斧，把醋厂的销售门面砸了个遍，将大门、窗户等砸烂后马上跑开。引自：山西商报文章《“宁化府”半夜遭砸》2006-01-11.

❸ 古树，指树龄在一百年以上的树木。名木，指国内外稀有的以及具有历史价值和纪念意义及重要科研价值的树木。古树名木分为一级和二级，凡树龄在300年以上，或者特别珍贵稀有，具有重要历史价值和纪念意义、重要科研价值的古树名木，为一级古树名木，其余为二级古树名木。

旧城区古树名木已遭破坏情况一览表　　表 6-2

编号	树种	级别	详　址	胸　径	总高度	主干高	覆盖面积	生长状况	备　注
024	国槐	A1	食品街雪山冷饮厅前	108cm 围 340cm	8m	3m	5×6 =30m²	死	93.6.17 凌晨距地面 4m 以上拆断
045	国槐	A3	云路街 32 号院内	120cm	20m	10m	81m²	死	被三晋开发公司破坏至死
048	河柳	B1	前所街 24 号门口	140cm	12m	5m	19×13 =247m²	一般	1994 年检查发现该树被圈入新建并生火
083	国槐	A3	大濮府 4 号院门内	90cm	15m		16×16 =256m²	生长势中等	已被砍伐 (2003.8.21)
094	泡桐	B	宁化府 18 号院(已拆)					茂盛	已被砍伐 (2003.8.21)
114	国槐	B	府东街 93 号院存车棚南侧	67cm 围 210cm	15m	4m	14.5×12 =174m²	好	1994 年 7 月 7 日查，靠东一大枝被砍
115	国槐	A3	府东街 86 号院内房里	120cm	20m	4m	120m²		盖房锯掉部分枝条，无法测具体数字
122	国槐	A3	南肖墙 69 号聚朋酒家屋中	130cm	17m	3m	40m²	较好	2003 年被砍
157	椿树	B3	精营东二道正街 34 号院内	62cm	15m	5m	15×14 =210m²	死	97.9.25 日凌晨大地公司铲倒

来源：笔者根据相关资料整理

2003 年 8 月 23 日，《太原晚报》曾以《千年古槐何罪，惨遭如此毒手》报道 C 公司将一棵千年古槐砍伐。为此，当地市委副书记 H 看后生气地说，“实在不可思议，其行为令人发指。”而太原市市长 J 闻知双合成的境遇时，也曾震怒。❶

图 6-11　被砍伐的千年古槐

来源：http://www.yellowriver.gov.cn

6.2.3　评价

记者闵元（2003）认为：

“（新闻周报 2004 年 8 月 24 日报道）当地政府招商引资来的外地开发商，出巨资重建商业广场。在巨大的经济利益面前，政府当然要站在“大局”的一边。即使是一家百年老字号，即使有着悠久的文化传统，也不允许你“倚老卖老”对拆迁说不。因为这是一个经济利益起决定作用的年代。”

市场主导模式的历史环境更新是社会转型期的必然产物，尤其对太原市来说在城市更新资金缺乏的情况下，市场主

❶ 闵元．“倚老卖老”的老字号敢对拆迁说不．中国商报网站．http://www.cb-h.com.

导的历史环境改造更新提供了大量急需的资金，并以商业企业的高效率来配置这些资金，可以说商业力量是当前城市更新的主要力量。

然而，追逐利益的本性决定了在缺乏政府有效监管的情况下，市场主体会使用一切手段来达到牟利的目的。特别在当前城市招商引资的竞争中，急需资金的城市政府尽力为商业公司提供支持和便利，商业公司像一个被宠坏的孩子，变本加厉地为所欲为，"撤资"成为他们要挟地方政府的重要手段。

在这种情况下，旧城中心区历史环境往往被高容积率的商业办公楼所取代，并且在更新过程中，居民业主同开发商的冲突愈加激烈。更新过程并非和谐，也不多元，商业公司只求挣钱之后走人，居民只求获得较高的拆迁费，而城市历史环境的可持续发展则无着落了。对于这样的情况，政府的作用就急需要发挥出来，以公正的监督约束来规范市场主体模式的更新。美国是市场经济发达的国家，在市场主导的城市更新监管方面积累了丰富的经验可供我们借鉴。

6.3 居民自发模式的历史环境更新——鼓楼街民居调查

6.3.1 概况

2005 年，我们对鼓楼街进行了调研，调研范围北起府东街，南到开化市街，西起解放路，东到柳巷北路。总用地 57.57 公顷。

规划范围内现有文保单位五处，即：唱经楼、山西银行旧址、古关帝庙、书业诚、亨生久。此外还有奶奶庙、泰山庙等古建筑。整个规划区内公共建筑占地 23.95 公顷，占总用地的 41.6%；多层住宅区占地 14.38 公顷，占总用地的 25%；鼓楼二期危旧房改造工程占地 4.49 公顷，占总用地的 8%；传统民居占地 0.16 公顷，文物保护单位占地 0.18 公顷，两者占总用地的 0.59%；危旧房住宅占地 2.38 公顷，占总用地的 4.1%；公园绿地占地 0.85 公顷，占总用地的 1.5%。

鼓楼街所在的地区曾经是太原市商业中心的核心部分，区域的黄金区位优势使得这里曾经是当时高档的居住区。这里的四合院原属于质量比较高的民居，由于宅院的逐年扩建，形成多个不同规模、不同形状的院落，有的为院套院，有的以狭窄的走道相连通，平面布局紧凑，院落结合巧妙，空间变化丰富。现存院落基本保留了原有传统形式的风貌。

本规划区内传统街巷风貌正在日益遭到破坏，保留较完整的具有历史风貌的街巷及建筑正在日益减少；本区内成片保护的古建筑已所剩无几，文物建筑和历史建筑被占用的情况正在得到政府解决，周边居民随意搭建的混乱情况严重。

6.3.2 调查

1）自我更新的原因

居民自发地在空地上大量搭建，民居的现有建筑质量较差，破损严重，缺少必要的市政设施。

(1) 住房拥挤

城市人口的增加，住房需求的加大导致大量的人口挤入四合院中居住。住房拥挤是当前鼓楼街历史街区最重要的问题，从调研的反映看来，住房状况刚刚能满足居民生活的基本需求。75%的受调查家庭人居居住面积低于10平方米，住户在院落内通过搭建和拆改来增加面积来满足基本的生活条件。

(2) 建筑衰败

院落中有近10%的住房接近危房的程度，时刻有倒塌的危险。半数以上的住房需要维护。低廉的公房租金难以维持旧住宅的维修与保养，房管部门和居民们普遍忽视对原有旧建筑物的维修与保养，导致破旧危房面积不断增加。产权属于房管所的直管公房由于房管所缺乏资金而得不到及时和到位的维修，同时由于产权不属于居民所有，居民不愿意投入大量资金，而仅仅进行勉强的维修；区域内的私有住房由于面临拆迁，也不愿意投入大量资金进行维护。特别是这个地区被划为“危改区”后，各种买卖、交换（商铺）住房的行为会立即停止，各种住房建设活动也会停顿下来，造成各种中小规模的住房投资不再流入。同时，房管所和居民也不再对住房进行正常的维修，致使许多原本质量较好的房屋也因缺乏维护而迅速成为破房或危房，整体环境状况日益恶化。

(3) 市政设施差

这主要是由于历史街区的市政建设长期停滞造成的，一些地区甚至至今仍在使用年代很久的下水道。大部分旧城居民家中没有单独的下水道和卫生间，没有集中供暖。在那些大杂院中，厨房大都是搭建的，因而存在着较大的消防隐患，对旧城居住区内的文物保护构成威胁。生活设施的落后与不足已经严重制约了这些地区居住生活的现代化，与整个社会生活消费水平的提高形成强烈的反差。保护区内大多数院落的基础设施条件都很落后，胡同内一般只有上下水管线和电力明线，而且已有设施也存在线路老化、容量不足的问题，居民只能依靠公共厕所、煤气罐和蜂窝煤炉解决基本生活需要。基础设施条件差已成为居民生活中面临的主要困难（图6-12、图6-13）。

2) 自我更新的方式

面对居住条件差的情况，居民进行了自我的改造。

(1) 搭建

居民常常是自己施工，用简易的材料临原有住房搭建。这种方式很不规范，常常不做任何基础，平地砌墙，建筑质量堪忧。常常发生漏雨、裂缝、倾斜等情况。2005年夏季的一场大雨使得该区域的多所住房漏雨。

图 6-12 鼓楼街历史环境

来源：太原市规划院紫线规划前期调研资料

（2）拆改

有的居民在房子衰败到一定程度后，索性部分拆掉重新改建，一般不报管理单位，而自行其是，因为报批的手续复杂而漫长，不办手续也得不到什么处罚。一般重建的建筑不考虑原有建筑风貌，很少采用原有的青砖，因为青砖早已停产，除非订制否则只能使用拆掉旧建筑的旧砖。建筑外观红砖墙平屋顶与原有形式格格不入。甚至有的建筑随意加层，改造后的历史环境风貌完全破坏。这种改造方式在该区域被划为危改区后就较少见了。

（3）任其衰败

有的建筑在倒塌后，也没有人管理。留下的柱础、石碾、门登石等随意堆放，较好的雀替、门窗等建筑构件被一些商人收走。这些构件被转异地倒卖，在上海曾有旧建筑门板卖到一万元。

图 6-13 鼓楼街历史环境

来源：太原市规划院紫线规划前期调研资料

3）结果

搭建、拆改或任期衰败的结果是空间清晰的四合院变成了大杂院，各种零散生活杂物堆放在院子内。院内的通道狭窄很多只能容一人通过。居住空间环境质量大大降低，历史信息大量消失。受到资金、观念、能力的限制，居民对自己居住环境改造也不会达到满意的程度，采暖、煤气、有线电视等市政设施是无法依靠自己的力量实现的。

6.3.3 评价

伴随环境质量的恶化，居住环境质量也不断下降。首先表现为市政设施的欠账，生活服务配套设施严重不足，居民生活很不方便；其次表现为空间环境的混乱，城市景观遭到破坏，建筑密度增加，功能混杂，四合院内部拥挤不堪。

在划定的历史文化保护区内，历史风貌环境的保护是不容置疑的首要任务，任何更新与改变都必须以不破坏整体历史风貌为前提，否则历史文化保护区就失去了其存在的意义。但同时历史文化保护区仍然是正在使用的居住空间，得到居民的认同是保护的必要条件。但在基本生活要求都得不到保证的条件下，要求居民为保护历史付出代价、做出贡献，既不现实也不可能。要想推进保护工作的顺利进行，必须要解决好地段内居民的基本生活条件问题。因此，旧城历史环境需要完成的迫切任务就是：如何在历史文化保护的前提下，实现居民居住条件和生活质量的改善❶。

在当今城市历史环境更新中，居民自发更新模式（草根模式）还处于较低层次，现在的居民自发改造多以改善眼前的居住条件为目标，由于受到产权、资金、思路等条件的限制，还无力充分考虑历史环境延续带来的长期收益。在这些方面急需要帮助和支持。这种历史环境管制模式还需要在政府的多种手段支持下，向个人小范围更新和非营利性社会组织主导的更新模式过渡。

6.4 多元主体主导的混合模式——晋祠中堡整治过程调查

6.4.1 背景

1）晋祠与古镇

晋祠位于太原市西南 25 公里悬瓮山麓的晋水之源，属古唐地，是纪念西周时期晋国开国诸侯唐叔虞的宗祠，也是我国现存唯一祭祀诸侯的祠庙。

1961 年 3 月 4 日，中华人民共和国国务院公布晋祠为第一批全国重点文物保护单位。晋祠还是我国首批 AAAA 级旅游景区。

从现存北魏、隋唐诗文记载可见，早在文人墨客题辞赋诗盛赞晋祠的年代，晋祠周围已有古唐村等大量村庄聚落存在。我国商贸市镇最早出现在北宋，晋祠镇便是其中之一。据明嘉靖版《太原县志》记载："晋祠镇，（太原）县西南十里，宋旧镇。"

---

❶ 焦怡雪. 社区发展：北京旧城历史文化保护区保护与改善的可行途径：[博士学位论文]. 清华大学，2003：30.

晋祠与晋祠镇缘源深厚，祠在镇上，镇以祠名，自古唇齿相依（图6-14）。清光绪年刘大鹏著《晋祠志》卷之首图说云："晋祠者，乡间一庙宇耳。"又云："晋祠者，唐叔虞祠也。祠东有民结庐而居，遂因祠名镇。""(悬瓮山）东则葺家筑室，百堵皆兴，兼筑堡城；以卫庐舍，名曰晋祠镇"。（均见《晋祠志》）镇内民众起居生活与文化活动，如碾米磨面、读书、诗社、庙会、祭祀等多在晋祠庙区进行。明代因抵御战乱袭扰，在晋祠镇外围筑起堡墙，以城堡拱卫镇内民众和晋祠名胜古迹。至清代，晋祠镇更是连接并州与汾州二府的必由之路。晋祠镇老街即为当年南北交通的古驿道（曹昌智等，2005）❶。

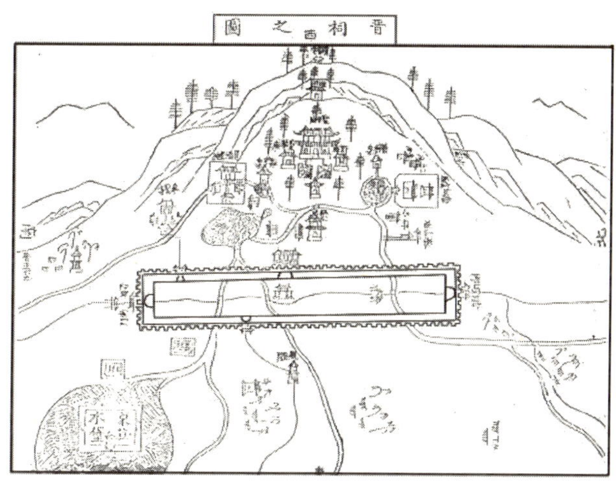

图 6-14　晋祠志所绘镇祠相依图示

来源：曹昌志等 . 晋祠名胜区详细规划

本书所述晋祠古镇，系指古代晋祠镇老街连接的晋祠北堡、中堡与南堡，即最初的古唐村范围。

2）晋祠传统市井文化与独特的民俗文化（图 6-15）

作为晋祠历史文化遗产的组成部分，传统市井文化与民俗文化富有浓郁

图 6-15　晋祠传统市井文化与独特的民俗文化

来源：曹昌志等 . 晋祠名胜区详细规划

❶ 曹昌志等. 晋祠名胜区详细规划. 2005：49。

的地方特色。受山地条件限制，晋祠古镇的空间形态沿边山呈“一字形”拉开，仅有一条南北向主街贯通北堡、中堡与南堡。东西街巷多为尽端路，狭窄幽深。街巷格局如同鱼骨状。建筑群被曲折巷道分隔，院落为窄院高墙，且以二进或三进四合院、三合院居多。历史建筑大都是木结构，石雕、砖雕、木雕体现了深厚的文化底蕴。古时沿街建筑多为商铺、作坊、磨坊、客栈、医所、诗社、印社、书院、寺庙等，住有神耆、商贾、工匠、医生、酒家、士大夫、士人、农夫、庙祝、寺僧等不同阶层的居民。因明清建有堡墙，虽距太原县城不过十里之遥，但相对封闭，自成一体。又因古镇老街系南北驿道，扼并、汾二州通衢咽喉，市井商贸与民俗文化格外繁闹。除集市交易外，常有形式多样的赛诗会、庙会、书画笔会、社火和祭祀活动。届时鼓乐旗伞，游戏内外，镇中祠内民众添街塞巷以观之。庙会的戏台便设在晋祠的水镜台。

3）历史街区

晋祠古镇位于晋祠庙区东侧，以居住用地为主。受地形所限南北狭长，自北而南分别由北堡、中堡和南堡组成。长期以来随着古镇人口增加、发展经济和改善居民生活条件的需要。

行政办公、商业金融、工业仓储、饭店、学校、医院、疗养院等企事业纷纷进驻古镇。各用地单位自行新建、扩建了大量各类建筑物和构筑物，进而造成用地性质交织，用地功能混杂，使古镇空间形态发生了很大的变化。

晋祠古镇作为历史悠久的文化街区，至今仍旧保留着多处文物建筑、明代堡墙遗址、清末民初民居、传统院落和完整的街巷格局与古镇历史风貌。但是原有房屋建筑质量大都很差，因长年失修，土坯房变成了危房。由于古镇内的单位和村民自主备料建房，缺乏规划指导，造成街区保护严重失控。现已拆除大量传统民居，重新翻盖，把坡顶屋面改为平顶出檐，沿街立面使用大玻璃、铝合金等新型材料，色调杂乱，风格时尚，破坏了历史风貌。位于北堡的纸箱厂和建材厂车间库房均为二层，建筑体量过大，破坏了窄院高墙的传统院落空间格局；南堡主入口并排新建了四层酒楼和几栋六、七层住宅楼，体量高耸，鹤立鸡群，与整体环境极不协调（曹昌智等，2005）。

6.4.2 过程

1）申遗目标催生保护规划

太原市政府于2002年动议启动晋祠申报世界文化遗产工作。这一特定目标将为晋祠提供一个与世界遗产接轨的平台，把晋祠保护提升到了新的高度。依据世界文化遗产标准和申报程序，编制晋祠及其历史环境保护规划，在规划指导下对晋祠文物实施严格保护，并对其周围环境进行整治，是必不可少的申报要件和前期准备。

为此太原市文物局委托清华大学编制了《山西太原晋祠历史文化保护区

保护规划》。该规划提出的保护理念、规划依据和原则、规划目标及其中某些保护措施均有可取之处，但也存在一些不足和缺陷。平遥世界文化研究中心认为的：其内容过于宽泛，主要篇幅放在整个晋祠—天龙山风景名胜区历史及现状的评估分析和保护整治框架上，没有突出晋祠保护重点，没有划定文物保护区和建设控制区具体范围；也没有针对不同保护等级、保护范围和各类建筑，确定分类控制和保护整治的具体方案与措施；尤其疏于晋祠与晋祠镇相互依存关系以及文物保护与经济社会发展关系的研究，作出拆除晋祠镇北堡与中堡的判断（曹昌智等，2005）❶。

《山西太原晋祠历史文化保护区保护规划》中提出："现仅存寥寥几栋保存尚好的民居，已无法形成传统空间聚落的空间氛围。""要达到申报世界遗产项目的环境要求，拆除北堡和中堡是十分必要的。"虽然提出"在这一区域的民居中还存在不少有价值的建筑，规划迁建到南堡，集中形成一处传统民居展示空间。"但却没有任何相应的措施或计划，在规划图中与此相反，将北堡和南堡没有甄别地全部划入拆除建筑区域。应该承认，此规划的缺陷对其后的实施产生了一定的误导作用。

2）中堡"推光头"式拆除（图 6-16～图 6-18）

2002 年，文物局主导的拆迁进入实施阶段，拆迁过程中市政府将具体操作的工作由文物局转移到晋源区政府手中❷。实际拆迁分两次完成。第一次 2002 年 9 月启动，拆迁 16700 平方米；第二次 2003 年 7 月启动，拆迁 37224 平方米。两次拆迁涉及 267 户住户，18 个单位。拆迁总面积为 53924 平方米。其中村民住宅 64 户，8163 平方米；居民住宅 203 户，20641 平方米；其他建筑物 25120 平方米❸。

事后发现，在实施管理单位转手的过程中，已确定的一些目标和原则没有延续下去。区和镇政府在拆迁的过程中，受到市政府要求的时间限制，以在最短期限内拆除为首要目标，而忽视了已经发现的一些历史院落的保护。据文物局文物处的一名工作人员 L 回顾（2005 年 10 月 31 日）：

当时中堡划出好几处院子，政府问怎么该拆还没有拆呢？不是定了该拆的一定要拆吗？结果第二天早晨一觉睡起来，过去一看，那里边已经雇了推土机，一下就拆空了。因为市政府不是限期吗，所以他们就连该拆的不该拆的全拆平了。实际，当时也发现好几处院子。

---

❶ 曹昌志等．晋祠名胜区详细规划．2005：2。

❷ 晋源区 M 副区长："晋祠这个事是 2002 年到 2003 年分两年度拆了以后，前期的规划和论证实际上是文物局搞得事情。2002 年拆了一部分，这个事情进行不下去，矛盾太大，市里也没办法，这算个什么？市里安排由晋源区政府来把这个事情完成。"引自：2005 年 11 月 22 日晋祠中堡恢复研讨会。

❸ 引自：市发改委，关于晋祠环境综合整治项目完成情况的报告。

在居民搬迁的安排上，在邻近的地段内建设晋祠新镇，作为晋祠镇居民和村民搬迁而做的配套工程。规划设计：❶

现晋祠村有人口3800人，户数为1000户，按晋祠申报世界文化遗产要求将原村庄人口全部迁移至新镇。

同时，镇政府在与被拆迁村民的动迁谈判过程中，为了快速实现动迁的目标，与被拆迁的商户签订了一个协议。❷ 协议规定：按照每平方米1200元的补偿价补偿商户，将来新的商业门面房建好后，仍然按照1200元的优惠价格将等面积的商业房卖给商户。这样的一个协议，对政府来讲是不合理的，因为整修一新的商业门面房不仅投入大量的翻新建设及配套费用，同时用地性质由原来的农村宅基地转变为商业用地必须经过出让，这笔费用没有计算在内。依据这个被分管副市长事后大加斥责的协议，区政府不仅不能将新建的这部分商业用房市场运作，还要补贴一定的资金。更重要的是这个协议完全没有按照保护规划的要求进行，没有保留有价值的院落。

这样，中堡的历史文化街区就被不加甄别地拆除殆尽，只留下一座二层的绣楼，孤零零地矗立在平展的草坪中间。随同拆迁一起，很多大树也被砍伐❸。

图6-16　晋祠中堡拆平后改为草坪

图6-17　南堡杨二酉读书阁前村民自建工地1

图6-18　南堡杨二酉读书阁前村民自建工地2

摄于：2005-03-11

3）申遗遇阻与再次规划

在市政府的牵头领导下，在包括区政府、文物局等部门的通力合作下，晋祠环境综合整治工作进展顺利，在太原“建城2500周年”庆典的日期前顺利完工，晋祠博物馆门前拆出了开阔的绿地，从停车场就可以直接看到博

❶ 太原市城市规划设计研究院．晋祠新镇详细规划．2003，12。

❷ 晋源区政府一位领导的发言“一般房子的拆迁补偿是600元，商业门面房按照房地局的规定补偿费是1200元。门面房按照1200元就拆不了，人家祖祖辈辈的门面房。当时给人家就有个承诺。给人家签了承诺书，等将来的门面房建起来以后，还要让你回来，还按照这个价格卖给你。19户一共1200平方米。”引自：2005年6月18日政府协调会记录。

❸ 开发商N：“因为当时拆的时候我搞的绿化，这么粗的树，可有一些老树呢，都给毁了，太可惜了。”引自：2005年10月11日康伟访谈。

物馆建筑群，原先鳞次栉比的晋祠古镇居住区的住宅区除了一座二层的碉楼以外，已经全部被拆除殆尽了。

此后太原市的有关部门准备申报“世界文化遗产”，在北京受到了建设部一位专家的诟问：“既然准备申报世界文化遗产为什么要拆掉古镇，既然拆掉了古镇为什么还要申报历史文化遗产。”❶ 几句富有逻辑和哲理的话道出了古镇的悲哀。

这个时候大家开始反思整个事情的经过，错误到底出在了哪里。多数人认为问题出在了《山西太原晋祠历史文化保护区保护规划》，太原市规划局认为该规划从规划内容到规划思路再到规划措施都存在着不足，甚至对编制单位的规划资质存在疑问，从而导致“该规划批准后，在指导实施的过程中很快出现了一些新矛盾、新问题。其中因全部拆除晋祠镇中堡和将要拆除北堡而带来晋祠历史环境破坏和中堡居民安置难的问题、同时引发北堡居民为获得更多拆迁补偿费而纷纷违法乱建，以及建设部不同意将晋祠镇列为国家历史文化名镇，都与该规划引导失误直接有关。”平遥世界遗产研究中心认为：“其内容过于宽泛，主要篇幅放在整个晋祠—天龙山风景名胜区历史及现状的评估分析和保护整治框架上，没有突出晋祠保护重点，没有划定文物保护区和建设控制区具体范围；也没有针对不同保护等级、保护范围和各类建筑，确定分类控制和保护整治的具体方案与措施；尤其疏于晋祠与晋祠镇相互依存关系以及文物保护与经济社会发展关系的研究，作出拆除晋祠镇北堡与中堡的判断，导致中堡夷为平地，破坏了晋祠赖以存续发展的历史环境，引发了一些新矛盾、新问题。”

2004 年 9 月 24 日，太原市文物局委托平遥世界遗产研究中心编制针对晋祠及其环境保护的详细规划。编制前，规划人员作了充分的资料收集和调研，主要设计人张文杰带着睡袋住在北堡和南堡的村民家中，几乎走访了所有的住户。为了得到权威的意见，他们聘请了很多国内知名的专家和学者作为顾问，该规划与 2005 年 2 月编制完成，并通过市政府的审批。该规划强调了国家级文保单位晋祠与晋祠镇的依存关系，同时考虑现实的社会经济发展问题，提出恢复部分重点建筑❷。

这个规划客观真实地关注了当地当时的具体社会经济发展，经过深入地研究得出的结论符合事实。

4）村民抗争转变保护方向

原保护规划确定了将北堡和中堡全部拆除，住户迁入晋祠新镇。中堡动

❶ 引自：规划局总工办副总 Q 访谈．2005，2.

❷ 为完整保存晋祠古镇历史形成的传统空间形态，对于被拆除的中堡以及在古镇用地调整和街区整治中拆除不协调建筑后的用地，严格按照古镇历史建筑风貌，采取易地保护和移植的办法，有选择地恢复部分带有标识性、意象性的建筑。引自：曹昌志等．晋祠名胜区详细规划．2005：2.

迁拆除后，村民预期北堡的动迁将要到来，北堡的违章建设迅速升温，一度时间曾经家家户户都在搞建设，局面完全失控。

我们在调研的过程中，发现所有的住户都在加建住房。北堡街上堆满了建筑材料。有的在原来灰砖的上面建红砖的加层，有的索性将四合院加上屋顶为了多算建筑面积。老百姓只考虑面积的增加，不考虑风貌的破坏。甚至不考虑房屋的安全，有的在很不牢固的墙上搞加层，有的用半砖墙建二层，因为他们认为房子马上就要拆迁了。❶

这种情况下，村民对住宅的改造完全是破坏性的。后来，在村民认识到北堡的拆迁确实停下来的时候，他们才终止了违章建设的行为。至今，在北堡仍可以随处看到已经停下来的建设到一半的住宅加层。北堡的风貌受到又一次的严重破坏。

北堡拆迁虽然终止，作为外迁住宅的晋祠新镇的建设并没有停止。原来的晋祠新镇包含所有北堡和南堡的村民，北堡的拆迁没有开始导致新镇建设的资金无法全部到位。土建工程完工，配套设施不能开工建设。按照回迁的期限无法使借住过渡的村民按时搬进新房，这样又产生了超期的过渡费问题。加之，拆迁的商户没有办法回到中堡经商。多种不满情绪在村民中酝酿。

村民的抗争逐渐升级，2005 年 4 月，村民们有组织地搬运了建房的石料堆放在中堡街道两侧的草坪上，表示再不解决村民的问题，他们将自己重建住宅和商铺。市政府分管副市长紧急召集相关部门协商处理这个紧急情况。在部分资金和措施均到位的情况下，村民们搬走了他们的建筑材料。但是很多问题还没有得到根本解决。

2005 年 6 月，村民们的抗争再次升级，聚集了部分老人围堵在晋祠博物馆的大门前，并且随着时间的推移人数越来越多，到第七天的时候人数达到七八百人。文物局向市政府紧急报告，说“村民堵了博物馆 7 天，造成极坏的社会影响和重大经济损失。”6 月 18 日下午，分管副市长紧急召开协调会。6 月 19 日上午，市长在晋源区召开协调会。除了利用各种措施解决外，注意了资金的到位问题。会上当有人提出申报世界历史文化遗产的话题时，市长说：“快不要提那个事情了。”急于解决社会的矛盾这时占据了关键位置。

村民们的抗争活动得到了效果，为下一次抗争升级积累了经验并受到了鼓励。然而，历史保护和申报世界文化遗产的方向的偏离所造成的恶果，不仅对国家来说是个巨大的损失，对于世代生活于此的晋祠村民来说不能不说是更大的悲哀。

---

❶ 引自：张文杰访谈. 2005. 3.

5）两级政府间的博弈与资金政策落实

古镇的保护整治要落到实处，在现有的管理体制内，文物局、规划局、建管委等每一个政府部门在执行力上都不如基层政府，因为基层政府掌握着丰富的基层工作资源和经验，应该说市政府将这个实施工作由文物局转移到区政府手中是有一定道理的。然而基层政府在实施的责权利方面并不是对等的。

责任方面，基层政府受命于市政府来完成这个任务，由于有时间的限制，自然在实现的过程中，必须将在市政府规定的时间内执行作为首要的工作目标，（而相同级别的文物局、规划局等部门所提出的保留、保护等意见仅仅是有选择的接受。）同时，由于涉及村民的动员说服工作，不免要给村民一定的承诺，负责的基层政府承担着对村民的承诺的责任。越是基层的部门这个方面的责任越重，比如镇政府和村委会。因此，基层政府生存在一个夹层中间，既要对市政府负责又要对老百姓负责。

权利方面，基层政府在项目执行的过程中涉及资金落实和各项审批必须向市级的政府部门申请办理。比如，资金的落实涉及市发改委、财政局的审批，规划实施涉及市建管委、规划局、土地局、房地局等等。诸多与区政府平级的政府部门，在审批过程中并没有区政府那么着急。比如，S局与市政府对《晋祠名胜区详细规划》的审批在报与批的多次循环周期中，从3月28日收到报送的方案，到7月1日下达批复意见，经历了95天时间。其中，仅放在S局一名副总工手中就经历了64天。资金方面，涉及：过渡费超期问题、晋祠新镇建设基础设施配套资金问题、用地资金问题、回迁楼工程资金缺口问题等都不是靠区政府能够解决的。基层政府常常用"撂挑子"的办法求得上级政府对于自己工作的重视。在市政府的协调会上，晋源区的区长多次提出，"这个事情是由文物局先搞起来的，我看还是由他们来搞，我们配合。"

在这样权利不对等的情况下，应该说村民通过抗争手段升级来逼迫市政府快速解决问题从客观上帮助了基层政府。我们能否作出这样的猜测？假如基层政府下一次面临同样的问题，基层政府可能会有意识地利用这种方式。

利益方面，基层政府除了具有完成上级任务的政绩利益之外，不免也带有发展本地区的经济，增加地方财政，甚至满足个人利益的需求。按照公共选择理论，每一个理性"经济人"都要满足个人、集体、国家的利益需求。在本项目的用于回迁的晋祠新镇中，"临镇政府一侧共规划7幢双联别墅，"❶ 这些建设在回迁用地中的别墅的用途和归属无从调查，但是应该肯定的是它与回迁工程应该是无关的。

---

❶ 太原市城市规划设计研究院．晋祠新镇详细规划．2003，12.

地方政府在政策执行的过程中，由于责权利的不对等，完成自己的责任、得到必需的政策和资金，同时获得自己的利益，仅仅靠打报告的被动形式收效甚微。他们不得不利用各种资源和力量，在与上级政府的博弈中达到平衡。

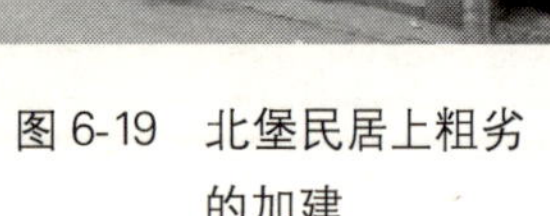

图 6-19　北堡民居上粗劣的加建

摄于：2005-03-11

图 6-20　晋祠新镇回迁工地上正在建设的别墅建筑

摄于：2005-04-04

图 6-21　村民将石头堆放在拆平后的中堡街，表示不满

摄于：2005-04-04

6）开发商的加入与建筑设计方案调整

在多方的力量左右下，晋祠古镇确定了要恢复的方案。专家同意并经市政府批准的《晋祠名胜区详细规划》成为下一步修建性详规的依据。专家在原则同意此方案的前提下，强调："应紧扣申报世界文化遗产这一主题，对于中堡的复建应再慎重研究。"❶

市政府确定了：关于古镇一条街恢复问题，建议由晋源区负责市场运作。土地由区政府统一征用挂牌出让，所取得的土地收益用于新镇建设征地费用。建设和经营在同等条件下，优先考虑被拆迁户。❷

区政府在选择开发商的方面也费了一番脑筋，由于"外来开发商没有人搞，惹不起当地农民，"❸ 同时前期工作需要垫付大量的资金。区政府引入了有较好群众基础的当地的开发公司康培集团。

开发公司出于商业的考虑，提出了一些要求，首先是区内的公共设施不在市场运作范围内，包括需要恢复的市楼、书社、印社、东西堡门、水系等。开发商康伟认为：

"当时政府说：市楼不搞，水系不搞，这是政府配套的。周边的环境和外面的绿化，最后定下来，李市长定的是开发商谁投资谁受益。把村里农民安顿了，把这块地按照 20 万块钱一亩，现在区长让我搞这个事情。后面的市楼、水系，政府现在没钱，先不搞。"❹

---

❶ 太原市规划编制研究中心．晋祠历史文化区详细规划成果评审会评审意见．

❷ 引自：2005 年 6 月 18 日市政府协调会.

❸ 引自：2005 年 10 月 11 日 N 访谈.

❹ 引自：2005 年 10 月 11 日 N 访谈.

接着是关于古镇恢复的问题：

“我接手的时候区长跟我说，可简单了，就是个商铺，那有什么。可是过了两天市里开会，M区长回来后让做个详细规划，建设局简单给画了画，让按照平遥世界遗产研究中心的规划去做。我让设计方一看，人家说那可不是那么简单，这可不是开发商铺，这是恢复古镇。这才明白是恢复古镇。如果要干成这样（恢复古镇），会死赔钱。发改委给算出来是3500元每平方米，成本也就是3500。3500元卖给谁，没人买。”

在利益计算过程中，开发商的经济账算得很精明：

“这个房子不好卖，卖得高了，农民没人买。这块地要想搞好，除非政府这20亩的地钱不要收。同时应该把它当作一个旅游项目，不能当作一个房地产项目。现在政府也想把他交给开发商，他应该把这个当作为政府做的一件好事，建了个旅游景点。给文物局办了一件事情。现在我是骑虎难下。现在我给M区长讲：你让我干这个事情，可以，我为区政府排忧解难。你把晋祠新城西面让我开发一个小区。”

在开发商的左右下，设计单位只能听从开发商的安排，提高容积率，减掉必要的公共配套设施。好在这个负责任的设计单位（清华大学R建筑设计顾问有限责任公司）在容积率的提高上作得有理有据，并没有过大的提高，同时结合街景和空间的设计，尽量地在开发商和职业道德之间寻求平衡。

“现在的容积率是0.56，面积是18000到19000平方米。这是清华搞的，当时要是按照平遥世界文化遗产研究中心设计的是15000多平方米。”

开发商在与地方政府的利益抗争方式上也选择了“撂挑子”的办法，尤其是选择在设计进行了一半的时候。

“现在村民逼得政府没有办法，M区长也不知道这个情况，M区长说这是个恢复古镇。我参加这个事情半中间的时候，我就发了愁了。我说：魏区长，不管啥你先花上四十万块钱给清华（设计费）交代了。完了以后，我给你钱。他为了要这个图。”

在开发商的引导下，古镇恢复逐渐转化成了以商业房产开发为主的建设活动，难免引起《太原晋祠古镇中堡历史文化街区建筑方案设计》评审会专家的担忧：“要做到古镇恢复之后比现在一块空地要好，这是一个非常非常困难的事情”。专家担心古镇会像应县木塔前的大街一样，走一条拆了建，建了又拆的路。但是区政府从另一个角度看待这个问题：

“专家从民俗和更大的申报世界文化遗产的角度来考虑这个事情。可是我们面对的又是非常具体的事情——村民回迁的问题。（当时承诺）当年回迁，一下拖了两年了，这个事情非常着急，这是一方面的情况。另一方面，整个中堡的开发，市政府定了一个：市政府不投入一分钱。这个怎么开发，那肯定要从商业的角度来考虑这个街区，不然的话谁来投资。所以这就是刚才专家讲的，面积比原来的大，原来的容积率是0.5，现在扩大到0.56了。当时也和咱们有关领导也请教过这个事情。……确实我们现在第一考虑的是回迁的生活生产问题。第二方面也确实考虑了完全市场运作，这个事情怎么平衡。这些原因这些理由不能成为古镇恢复、改造、建设的一个理由，但是对于我们解决生产中的矛盾又不能不考虑这些问题。”

到目前为止，政府投入这个项目的到位资金已经达到1.2394亿元，然而各种力量并没有满足，各个主体从不同的角度抗争和努力，使得事件的发展沿着多种力量的合力方向前进。古镇的原真性处于复杂的社会经济漩涡之中。

6.4.3 评价

1）本案例深层根源

（1）对晋祠镇缺少合理定性定位

晋祠镇是一座具有千年历史的古镇，与著名文物古迹晋祠相存相依，是晋祠文物赖以存续的必不可少的历史环境，也是晋祠历史文化遗产的重要组成部分，本应纳入晋祠及其周围环境统筹保护与发展。但是由于忽视了晋祠镇的历史价值，对晋祠镇和晋祠的依存关系认识不够，对晋祠镇的性质、职能及其发展方向也缺少合理的定位，而是仅仅作为一般建制镇对待，因此在经济建设和社会发展中，城镇的各项职能没有及时向外转移，而是集中在古镇，吸引大量人口集聚在狭窄的古镇镇区，造成城镇功能与城镇空间错位。用地有限的古镇空间承担了各项城镇职能，带来了用地、交通、环境、人口等一系列问题。

（2）疏于统筹文物保护和经济发展

晋祠镇，尤其是晋祠古镇的保护与发展，直接关系到晋祠国家重点文物保护的成败。古镇建设盲目发展，无序膨胀，或急功近利和晋祠文物保护抢滩争地，势必导致文物及文物环境破坏。但是画地为牢只求保护晋祠庙区内重点文物及环境，而驱赶庙区围墙外商贩，甚至拆除庙区周围大片民居，不仅会破坏晋祠历史空间形态，割断历史文脉，也会激化与村民的矛盾。正是因为长期以来疏于统筹晋祠文物保护和晋祠镇经济发展，往往简单地把保护与发展对立起来，采取上述非此即彼、仅择其一的做法，才造成晋祠名胜区的保护工作始终徘徊，积累下许多问题很难根本解决❶。

（3）长期实行各自为政的管理体制

晋祠名胜区长期实行各自为政的管理体制，是造成现状问题的根本症结之一。在约6平方公里的范围内，管理机关为晋源区政府、晋祠镇政府和太

---

❶ 曹昌志等．晋祠名胜区详细规划．2005：2．

原市文物局、晋祠博物馆。它们各司其职，难以协调。还有16各省市驻地企事业单位，如山西省晋祠干部疗养院、山西省晋祠工人疗养院、晋祠宾馆、太原市虹鳟鱼场、太原市技校和东大私立学校等。这些单位独立于当地政府和文物行政主管部门之外，主管单位与投资渠道不同，各自为政，各行其是。没有统一的行政管理机制，造成保护难、管理难、发展难的问题❶。

2）历史环境更新混合模式的评价

本案例所述的历史环境更新模式是一种混合模式，这种模式是转型期之后日渐增多的更新模式。随着公众维权意识的提高，公众逐渐在历史环境更新中显示出其力量。原先的政府、市场二元模式过渡到三足鼎立，政府、市场和公众力量互相博弈，其合力决定历史环境的最终走向。需要关注的是三方的相互关系仍处于一种“刺激——反应”的应变过程。政府缺乏对公众行为的预测和应对手段。公众也缺乏有组织的抗争方式，采用的过激行为有时候会触犯法律，使得事件的发展有很大的不确定性。

当前的混合模式急需政府的宏观引导和专家社团组织的介入，历史环境的更新应采用政府宏观控制、市场资金保障、社团组织协调、持续性的、多元参与的自主更新模式。

6.5 小结

从太原的实践看来，历史环境面临多元主体主导或推动下的破坏，为了避免破坏的发生需要深刻研究隐藏在行为之后的动机进行分析。管治为这种分析提供了理论工具，通过引用管治思路，建立“多元、和谐、灵活、持续”的历史环境管治模式是转型期的保护工作顺利进行并取得良好的社会经济效果的重要一步。

❶ 曹昌志等．晋祠名胜区详细规划．2005．2.

第 7 章　国外历史环境管治的演变

从国外历史环境管理的演变可以发现对于历史环境的认识和管理经历了一个渐变过程：历史环境的范畴逐渐宽泛；管理目标强调长远的社会经济多重目标和可持续性；管理主体强调社会组织和民众作用，在国家与地方之间强调地方，即地方性保护；管理的手段逐渐多元；保护的概念逐渐由保护物到保护物与保护人相结合。

7.1　历史环境管治内容的发展演变

7.1.1　起源于重要古迹的保护管理

保护管理的对象起始于对于“古老的”、“杰出的”、“特殊的”、“重要的”建筑的保护。时间的磨灭产生稀有，稀有产生珍贵，历史久远的建筑首先成为人们保护的重点，在工业革命前的欧洲城市，成为历史性建筑至少需要 300-400 年以上的历史❶。

15 世纪文艺复兴时期的意大利开展了大规模的文物建筑修复和保护，发掘倒塌的雕像，整理残破的墙垣、修缮倾圮的宫殿。这种“文艺复兴式保护”（辛慧琴，2005）❷ 的主要对象是辉煌的古罗马时期建筑文化。

18 世纪的法国对历史建筑保护内容主要是中世纪建筑（周俭，张恺，2003）❸。其目的也是延续法国最值得骄傲的中世纪历史。

英国起初只着眼于中世纪的宗教建筑，随着观念的发展保护内容也发生了变化，但是内容仍集中在与历史意义有关。英国政府在 1882 年颁布的《古迹保护法》中规定，文物建筑不仅包括上古的巨石建筑遗址、中世纪的城堡，还包括府邸、庄园、住宅，甚至“具有历史性意义或与历史事件有关的小建筑物，桥梁、商场、农舍和谷仓、畜棚”（辛慧琴，2005）❹。

---

❶ 周旋旋，美国历史保护体系和地方实践：[硕士学位论文]. 上海：同济大学，2003.

❷ 辛慧琴. 意大利古旧建筑保护及改造再利用浅析：[硕士学位论文]. 杭州：浙江大学，2005.

❸ 周俭，张恺. 在城市上建造城市——法国城市历史遗产保护实践. 北京：中国建筑工业出版社，2003.

❹ 辛慧琴. 意大利古旧建筑保护及改造再利用浅析：[硕士学位论文]. 杭州：浙江大学，2005.

在美国最早的、最重要的、现在也作为第一级保护对象的，是与为自由和国家独立而牺牲的英雄有关的史迹，独立战争、南北战争的战场，名人故居等（张松，2001）❶。因为美国是一个移民社会，需要用它的历史、它的古迹来团结人民，所以美国早期的历史保护是跟爱国主义有关的“杰出的”建筑。保护工作的代表作是1853年成立的弗农山妇女联合会（Mount Vernon Ladies' Association of the Union），将首任总统华盛顿衰败中的故居弗农山转为“房屋博物馆”。

日本最初的文化财保存的对象，以历史悠久、艺术价值高者为主。而最初的遗迹保护多是以与皇室有关的内容为中心的。

可以看出，各国历史保护内容的起源受到稀有性、重要性的深刻影响。值得一提的是，像美国一样出于意识形态目的的保护在各国早期的保护历史中都有深刻影响，直到近代也无法避免。

20世纪20--30年法西斯政权统治意大利的时期，它按照自己的利益和意识形态提出了另一套文物建筑“保护”办法，重视显耀古罗马的伟大建筑物。墨索里尼说：“必须把我们历史的永恒纪念物周围清理干净，使它们显得高大。”为了突显古罗马帝国建筑文物，不惜清理掉中世纪和文艺复兴时期的大量建筑。在法西斯政权时期，清理了巴拉丁山、卡比多山前缘、中心广场、帝国广场群、阿庇亚古道两侧、阿根廷塔广场古庙群等古罗马建筑遗址。“成绩”是使这些遗址比较完整地显现了出来，代价是毁掉了大量中世纪和文艺复兴时期的建筑。这些办法现在就被人揶揄地称作“法西斯学派”（辛慧琴，2005）。❷

出于意识形态目的保护的相反方向是出于意识形态的目的的破坏。

对亚洲城市而言，近代建筑与殖民统治的历史有直接的关联，有时会将这些建筑作为耻辱的痕迹来看待。因此，在经济比较落后的阶段，这些旧建筑由于还有一定的利用价值还能够幸存，而在经济发展以后，则希望尽早拆除。例如韩国日据时期的总督府就是在这样的情况下被拆除的（张松，2001）❸。

7.1.2 对于美学和历史原则的关注

随着保护管理内容和观念的发展，保护重点逐渐由历史和爱国主义向文化和建筑美学价值转向。对于历史和美学的理解的不同，产生了许多不同的

---

❶ 张松. 历史城市保护学导论——文化遗产和历史环境保护的一种整体性方法. 上海：上海科学技术出版社，2001.

❷ 辛慧琴. 意大利古旧建筑保护及改造再利用浅析：［硕士学位论文］. 杭州：浙江大学，2005.

❸ 张松. 历史城市保护学导论——文化遗产和历史环境保护的一种整体性方法. 上海：上海科学技术出版社，2001.

派别。

1）注重风格修复的法国派

1840年的法国派在针对当时文物建筑的修复只求外表形似而置结构于不顾的现象。提出建立文物建筑保护科学理论，提倡，“负责修复的建筑师，不但要确实地熟悉艺术史各时期特有的风格，而且要熟知各流派的风格。……要有丰富的结构知识和经验……熟知各个不同时代和不同流派的建筑的建造方法”。法国派的奠基人和最重要的代表维奥勒·勒·杜克认为“修复建筑是为了把它传给将来”，所以，“只许用更好的材料，更牢靠的或更完善的方法来取代坏掉了的部分”。例如，他主张用更厚的石块来代替柱子上较薄而压裂了的石块。

法国派没有认识文物建筑的综合价值，即它们在历史上、科学上、情感上、功能上个方面的价值，而仅仅以一般建筑师的眼光看问题。由此而产生两个失误：第一，只把少量建筑史上的珍品杰作当作文物建筑，因而使大量具有其他各种重要价值的建筑物未能得到保护；第二，片面强调了风格统一的重要性，忽略了对建筑所携带的历史、科学、文化等信息的保护（辛慧琴，2005）❶。

2）注重浪漫情调的英国派

19世纪末，针对法国派的失误，英国的“历史浪漫主义”保护谴责“借口修复而破坏文物建筑的特点”。代表人物拉斯金在1874年明确地指出，“以修复的名义所造成的破坏应归罪于建筑师”。该派别的核心组织“文物家协会”从1855年开始编制文物建筑档案，并且声明要“保护它们免受时间和疏忽所导致的破坏，而不企图作任何的增添、改动或修复”。他们认为，不论多么小心保护。建筑物总是要死亡的，那就只好让它死亡了。“我们没有任何权力去触动它们。”既然灵魂不能再现，那么，徒然保住一个躯壳就毫无意义了。

该派别在重视文物建筑的历史价值和原真性上迈出了重要一步，但是受到观念的约束，不免表现出其局限性：（1）英国派在浪漫主义思绪的笼罩之下，文物建筑保护工作中有一种“做废墟”的办法，造成一种抒情性情凋很浓重的残迹，诱发人们的思古幽情；（2）英国派过于极端地反对一切修缮和修复。反对一切为延长古旧建筑的寿命所必须的变动的做法很不实际。不综合地理解文物建筑的历史和科学价值，就不能正确地以科学的态度并采取恰当的措施，力争把它们传之永久（辛慧琴，2005）❷。

3）注重历史真实的意大利历史性修复

---

❶ 辛慧琴．意大利古旧建筑保护及改造再利用浅析：[硕士学位论文]．杭州：浙江大学，2005.

❷ 辛慧琴．意大利古旧建筑保护及改造再利用浅析：[硕士学位论文]．杭州：浙江大学，2005.

19 世纪 80 年代产生了“历史性修复”理论，代表人物之一的贝尔特拉密在保护方式上反对法国派的要求维修者以原作者自居的主观“修复”，要求把保护工作建立在坚实的科学基础上，要尽可能多地收集有关资料，彻底研究，根据确凿的证据进行工作，决不允许自己去分析和推论。维修工作者必须同时是个历史学家、文献学家，能够阅读并且真正懂得有关的一切文件，著作、图录等，而不仅仅是个建筑师。

另一位代表人物波依多是意大利派的奠基人。他首先完善了文物建筑的概念，明确地提出，文物建筑不仅仅是艺术品，它是文明史和民俗史的珍贵的资料，其价值是多方面的。从这个新概念出发，他主张必须尊重文物建筑的现状，修缮的目的只是保护，要保护历史上对它的一切改变和添加，即使它们模糊了它的原始面貌。修缮，首要是加固，而且力争一劳永逸地作最后的一次干预，此后不必再做。在为加固而非添加什么不可的时候，切不可改变文物建筑从它产生的时代和它的原作者那里所得到的面貌。一切改变都要有详尽的记录。

1883 年，在罗马举行了工程师和建筑师大会，通过了一个关于保护和修复文物建筑的指导思想。它比波依多的思想更深入的主要有两点：第一，它说“除非绝对必要，文物建筑宁可只加固而不修缮，宁可只修缮而不修复”；第二，为了加固或者其他的绝对必要而非添加什么不可的时候，添加的部分必须用跟原有部分“显著不同的材料”，跟原有部分有“显著不同的特点”，以避免可能有的哪怕一点点的伪造。在这次大会之后，意大利派摆脱了法国派的影响，不再修复或翻新文物建筑，而只是加固与保护（辛慧琴，2005）❶。

注重原真性保护的雅典宪章就是这种保护的体现。从 1931 年的《历史性纪念物修复雅典宪章》（简称《雅典宪章》）到 1964 年的《国际古迹保护与修复宪章》（简称《威尼斯宪章》），是同时期欧洲历史建筑保护理论与实践发展的总结。这两个宪章的出发点主要还是针对文物古迹、古建筑群和古遗址的❷。

7.1.3 物质形态保护范围的扩展

随着保护理念的发展，人们认识到历史建筑只是构成环境的一项因素，保护已不再限于文物古迹、历史建筑本身，而是扩大到周边环境和自然环境，从单一的文化艺术作品扩大到与人们日常生活密切相关的历史街区、历史城镇和村落，也就是说从点的保护扩大到历史地段乃至城市的整体历史环

---

❶ 辛慧琴. 意大利古旧建筑保护及改造再利用浅析：[硕士学位论文]. 杭州：浙江大学，2005.

❷ 张松. 历史城市保护学导论——文化遗产和历史环境保护的一种整体性方法. 上海：上海科学技术出版社，2001：132.

境的保护（张松，2001）[1]。

1930年，法国通过《景观地保护法》，将自然景观地以及其中的历史性建筑物和构筑物也按照历史建筑的方法，进行列级登录。这项法律也是对整体环境，而不是单个建筑进行保护的开始。1943年，对《历史建筑保护法》进行了一次修改，提出"历史建筑周边地区"。1962年的《马尔罗法》提出了"保护区"的概念，提出了要对文物建筑周围的大范围历史环境和大批历史建筑进行保护。1983年的《地方分权法》确定了介于保护区和一般地区中间层次的建筑、城市和风景遗产保护区（ZPPAUP）。此后，保护的方法还向城市的一般地区的每个角落渗透，对这些地区的城市空间和建筑特征予以保护，充分考虑保留原有城市要素的必要性。（周俭，张恺，2003）[2]。

从60年代开始，欧洲保护对象有了新的变化，开始对次要建筑（如意大利的住宅）、地方性建筑（如村庄）、工业建筑如（英国的工厂、车站、仓库）、城市肌理和人居环境（如城市街区、城市区域、村镇、城市综合体）等进行保护。

20世纪30年代，美国对保护的关注日渐成为社会文化系统，包括大众休闲、环境规划、住宅发展、经济的组成部分。这一阶段是历史环境保护的初期，各地方政府开始制定历史环境保护条例。1966年，联邦政府依托《国家历史保护法》和联邦保护计划（National Historic Preservation Program）建立了国家历史地标、国家历史性场所登录制度等重要的历史保护项目，其对象不仅包括国家历史公园、文物建筑、自然地理景观，也包括众多历史性场所和历史地区等地方历史遗产（周旋旋，2003）。这一阶段是历史环境保护的稳步发展时期。保护重点逐渐由历史和爱国主义向文化和建筑视角转向。1970年，颁布国家环境政策法，环境质量改善法。1971年，开展文化环境的保护与提升活动。在20世纪80年代制定的许多大城市中心区规划中，都将历史环境保护作为最重要的课题之一列入其中。在旧金山市中心区规划（Downtown Plan）中，一次就决定保存251栋历史建筑，并划定了5个历史地段[3]。

日本的历史环境保护，从20世纪60年代后期开始迅速成为最为深刻的问题。60年代，日本面对"经济高速发展政策"、"全国综合开发规划"造成的生活环境的破坏，旧城改造，使历史城镇、历史街区、历史建筑迅速消

---

[1] 张松. 历史城市保护学导论——文化遗产和历史环境保护的一种整体性方法. 上海：上海科学技术出版社，2001.

[2] 周俭，张恺. 在城市上建造城市——法国城市历史遗产保护实践. 北京：中国建筑工业出版社，2003.

[3] 张松. 历史城市保护学导论——文化遗产和历史环境保护的一种整体性方法. 上海：上海科学技术出版社，2001：175.

失。1966 年颁布了《古都保存法》。为切实保护历史风土，需要通过城市规划划定历史风土地区及其保护区。在保护区、历史地区，实施严格的控制和管理。1969 年修订的《新全国综合开发规划》把历史环境保护提到了很重要的位置。对容易受到急剧开发破坏的史迹、历史建筑等文化财及其历史环境，必须作为生活环境的组成部分有计划地进行改善整治，在开发规划中必须划入保护范围内，同时还应作为休闲场所提供给大众利用。1975 年 7 月《文化财保护法》修订，对由民居为主体构成的历史街区和历史村落的立法保护。

1977 年制定的以"定住圈构想"为中心的《第三次全国综合开发规划》强调"有计划的改善并形成人与自然和谐的、有安定感、健康的、文化的人居综合环境，这一环境是以有限的国土资源为前提，能够保持地方特色的生命力，并扎根于历史、传统文化之中（张松，2001)"。

1950 年制定的《文化财保护法》引进了无形文化财的概念。

随着经济快速发展，面对发展对于历史环境的破坏，各国都十分重视保护范围的扩展，历史保护的物质内容拓展到了整个历史环境。并且由物质环境逐渐向非物质环境进行扩展。

从国际宪章的发展来看，1972 年 11 月 16 日联合国教科文组织大会在巴黎通过的《保护世界文化和自然遗产公约》(简称《世界遗产公约》) 使得人们对于世界文化遗产和自然遗产的保护产生关注和重视。1976 年通过的《关于历史地区的保护及当代作用的建议》(简称《内罗毕建议》) 和 1987 年通过的《保护历史城镇和街区宪章》(简称《华盛顿宪章》)，这两份宪章对历史城镇及历史街区的保护具有重要的推动作用和指导意义❶。

7.1.4 经济和社会管治目标的融入

从 20 世纪 70 年代起，人们对城市历史环境的保护开始关注社会的影响，在 1975 年通过的欧洲议会决议案中提出"整体保护"(integrated preservation 或译"全面保护") 的概念，其目的中重要的一部分是"确保被保护的内容符合社会的需要。"针对 1980 年代世界各国进行大规模的经济建设，城市的历史地段受到冲击的情况，1987 年 10 月通过的《华盛顿宪章》对城市历史街区保护进行更进一步的说明，强调保护工作必须是城镇社会发展政策和各项计划的组成部分，要有居民的积极参与，要采取立法措施，保证保护规划的长期实施❷。

1976 年 10 月 26 日至 11 月 30 日，于肯尼亚内罗毕召开的 UNESCO 第

---

❶ 张松．历史城市保护学导论——文化遗产和历史环境保护的一种整体性方法．上海：上海科学技术出版社，2001：175.

❷ 周旋旋，美国历史保护体系和地方实践：[硕士学位论文]．上海：同济大学，2003。

19 届大会上通过的《内罗毕建议》，正是提出了“历史地区及其环境应被视为不可替代的世界遗产的组成部分。”遗产应该与我们时代的社会生活融为一体，使之适应现代化生活的需要[1]。

20 世纪 60 年代及 20 世纪 70 年代的城市运动，以至于 1973 年之后的经济危机，这些现实的城市危机，都是城市形态研究和历史环境保护理念转变的社会根源[2]。

1962 年的《马尔罗法》提出保护要达到两个目标“保护建筑历史遗产同时提高法国人民的生活和工作质量”。在 1975 年的国家 5 年计划中提出“未来的城市发展应以一种谦虚的方式进行，与建成环境更好地结合，对居民和他们的生活愿望更加尊重。”(Sebastian LOEW，1998)[3]。

1970 年，意大利古城博洛尼亚首先提出了“把人和房子一起保护”的口号。也就是说，它不只是保存历史建筑，更要留住居住在其中的生活者。古城的规划出自一个共同的理念：城市的发展必须要有公共当局充分有效地运用现存法规来加以控制和引导，在公共资源和居民之间必须寻求平衡，公共参与和民主管理必须加强。保护规划对社会方面的问题非常关注，要求环境改善后，90%的居民必须保留下来，低收入者的租金不应超过其家庭收入的 12%～18%，以实现在历史中心区“同样的人生活在同样的地方”的规划目标[4]。可以看出这已经明显与我们前面所探讨的“管治”理论具有很多相似之处了。博洛尼亚在之后对抗开发商过度商业开发的斗争中，地方政府与公众站到了一起并获得了胜利。博洛尼亚整体性保护不仅在方案的确定上，还在实施过程中为真正的公众参与提供了机会。有关城市整体保护的概念，从 20 世纪 70 年代起逐渐成熟。在 1974 年在博洛尼亚召开的欧洲议会决议案中提出“整体保护”(integrated preservation 或译“全面保护”)的概念。

20 世纪 70 年代以来，美国许多城市由于各种矛盾的激化发生了城市暴动，知识分子对城市更新的批评与日俱增。美国国会在 1973 年终止了城市更新计划，1974 年开始以富有人文色彩的住宅和社区发展计划取而代之。1974 年的住宅与社区发展计划注重三大方面：一是多目标性，二是公众参与，三是注重对历史环境的保护[5]。

1977 年，美国颁布国家邻里政策法。1980 年，为帮助小城镇保护历史

---

❶ 张松. 历史城市保护学导论——文化遗产和历史环境保护的一种整体性方法. 上海：上海科学技术出版社，2001：132.

❷ 周旋旋，美国历史保护体系和地方实践：[硕士学位论文]. 上海：同济大学，2003.

❸ 转引自：周俭，张恺. 在城市上建造城市——法国城市历史遗产保护实践. 北京：中国建筑工业出版社，2003.

❹ 张松. 历史城市保护学导论——文化遗产和历史环境保护的一种整体性方法. 上海：上海科学技术出版社，2001：152.

❺ 范文兵. 上海里弄的保护与更新. 上海：上海科学出版社，2004：60.

性城市中心区，国家信托基金设立“国家主要街道中心”。1981年，国会通过经济返还税法，该法规定个人所得税的25%可用于历史建筑的保护维修。

针对20世纪80年代世界各国进行大规模的经济建设，城市的历史地段受到冲击的情况，1987年10月通过的《华盛顿宪章》对城市历史街区保护进行更进一步的说明，强调保护工作必须是城镇社会发展政策和各项计划的组成部分，要有居民的积极参与，要采取立法措施，保证保护规划的长期实施。

20世纪60年代，联邦政府依托《国家历史保护法》和联邦保护计划(National Historic Preservation Program)开创了较从前更有效的资源确认和管理的制度和方法。人们认识到在保护领域汇集了不同阶层的价值观，必须组织国家、私人、公众保护团体的合作，地方政府在联邦政府无法企及的私人产权管理方面取得进展，越来越多的市民参与了保护活动。

最重要的是1990年10月20日，在美国南卡罗来纳州的查尔斯顿市举行的国家信托基金会第44届年会上，通过了一份被称为《查尔斯顿原则》(Charleston Principles)的报告，这份报告被后来全美的历史保护社团组织一致采纳。该报告捷出了以下8项建议：

(1)确认并认定那些构成社区特色、有利于社区将来健全发展的历史建筑与历史性场所(Historic Place)；(2)利用现存的历史住宅区及相邻商店的价值来复兴和发展整个社区，并提供一些设计良好的中低层收入住宅；(3)尊重当地社区的历史遗产，制定该社区整体发展的政策，并强化它的可居性(Livable)；(4)从组织管理上建立激励机制，来促进历史保护工作；(5)在城市规划的土地利用、经济发展及交通、住宅的建设中，必须把保护历史性场所作为它的既定目标；(6)理解每个社区在文化上的多样性并赋予当地居民保护该文化资源应有的权利；(7)利用历史资产来教育不同年龄层次的市民，增强市民的荣誉感；(8)对新建筑要精心设计，对历史建筑与历史性场所要善于经营管理。

《查尔斯顿原则》从整体性保护的角度出发，明确了保护的基本目的不是要留住时光和简单的物质形态，而是要敏锐地调适各种不断变化的力量，为生活在历史建筑中的人们创造一种更加美好的社区生活。“保护，不应被视为是由惧怕进步思想的人们所提倡的一项专门化的、有些自我放纵的活动，而应被看成是发展的一种必要的工具。”保护“并不只是对建筑的文化特征中历史记忆的静态保留，更重要的是对形成该地区的建筑文化特征的演化方式的留存和借用”[1]。

《文化财保护法》的制定及以后的修订，对地方公共团体的责任也有了明确的规定，过去地方公共团体只是被动的执行任务。保护的目的有了根本

---

[1] 范文兵. 上海里弄的保护与更新. 上海：上海科学出版社，2004：60.

转变：提高国民的文化素质，同时为世界文化的进步做出贡献。

日本，20世纪80年代以后，对历史环境保护问题的关心，不仅反映在保护对象的扩大方面，而且还反映在对历史环境保护的物质价值的认识以及对历史环境在精神、文化方面的价值的理解与评价上。此后，历史环境保护所面临的主要课题为：历史建筑外观的公共性与建筑产权私有性的平衡问题；传统文化的继承与发扬问题；如何通过保护给地方城镇带来活力的问题等。而且，在严格保护文化遗产的同时，如何改善历史城镇中的居住环境的问题也提到了议事日程。

历史环境的保护不仅与居民日常生活环境息息相关，而且，通过历史环境的保护，寻找都市景观创造的历史文脉，继承发扬传统文化，使居民在物质环境和精神支柱，即身心两方面都能找到归属。过去人们所熟悉的、传统的、以技术取向为主的保护，开始转向关心当地居民的感受，从社区参与的角度出发，保护地方特色，塑造聚居形态，改善生活环境品质。历史建筑作为景观资源，正在城市设计中有效地发挥作用，历史环境作为文化资本，是人类社会生存发展的重要资源。

从以上西方发达国家的历史保护的发展历程中可以发现历史环境“全面性保护”与当时正在兴起的“管治”之间是有相同背景和一定联系的。

7.1.5 小结

历史环境的保护标准和理念代表了对待历史环境的观念发展到了一个崭新阶段。西方发达国家的历史环境保护经历了：从仅仅关注高价值的历史性文物建筑，到关注其周围的历史环境，再到关注更广泛的一般性历史建筑；从仅仅关注历史建筑的物质形态层面，到关注整个历史环境中无形的生活和文化背景；从虔诚地保存、严格地复原“精品式”文物建筑，到从可持续性发展的观念，以更自由更有创造性的眼光看待旧建筑再利用后之适应性的变化；从仅仅看重旧建筑的历史艺术价值，到将其看作整个社会经济体系中的一种产品，看到其在经济、社会、生态方面的潜在价值，视其为城市发展的一个契机。保护方式因此从单一、僵硬、静态的保护、保存方式，向整体综合、柔软的保护、利用和更新方式转变❶。特别是对于历史环境中使用人的关注可以看出保护的目的和方式都有了明显的现代倾向。

7.2 历史环境管治主体的发展变化

历史环境的保护工作具体由谁来负责决定了历史环境保护状况。在保护主体方面，西方发达国家大多经历了变化的过程，在大政府和小政府之间的摇摆逐渐稳定在了多元对话的折衷道路，形成政府、市场、公众的一种共同发展。

---

❶ 范文兵. 上海里弄的保护与更新. 上海：上海科学出版社，2004：60.

7.2.1 法国的历史环境管治主体演变

1）二战前的中央集权制管理

19世纪，随着工业化的发展，大批人口涌入城市，为了更有效地控制城市的膨胀，法国确立了中央集权的城市管理制度。在中央集权制下，一些重要的城市发展明显地带有政府主导的特点，奥斯曼对巴黎所进行的改造有明显的单一性（图7-1）。

大革命期间，发过建立了政府集权的集中统一保护，法国通过一项法令，规定历史建筑的破坏者将被处以两年的监禁。各省纷纷建立艺术品和历史建筑的名录，以阻止对它们的破坏。

1841年政府颁布了一条法律，规定国家可通过公共用途的名义宣布收购私人拥有的历史建筑。此时，法国在历史保护上采取的是自上而下的中央集权制度，历史建筑名录完全由中央政府按“公共价值”的标准制定。中央政府以集权的形式代行公共事务的管理，以保护“公共利益”。

1943年，提出“历史建筑周边地区”的概念。在每幢登录的历史建筑周边500m半径范围内，新建筑都必须经过额外的审查，主管历史建筑登录工作的教育部，借这一法律来削弱历史建筑周围私人业主对物业的权利（周俭，张恺，2003）。

图7-1 受奥斯曼规划影响的整齐划一的巴黎街景

摄于：2004-09-29

2）二战后的集权管理及转变

二战以后，为了经济的快速恢复，法国城市管理仍然采用了集权制，国家实行计划经济和区域经济手段，集中中央权力机构以及中央在地方的代表权力机构引导和实施大规模的重建工程。

20世纪50年代末，法国在1958年颁布了一项关于城市更新的法令。这项法令的形成主要是为了推进对城市中心“不卫生地区”❶ 的改造，并由

❶ 1906年，在巴黎城市议会的一份报告中第一次提出巴黎的6个“不卫生地区”。调查表明，这些地区的肺结核病死亡率是城市平均数的两倍。到1920年，不卫生地区从6个增加到17个，包括了巴黎市的4290栋房屋，涉及186594个居民，这些地区被称为巴黎的黑点。引自：周俭，张恺. 在城市上建造城市——法国城市历史遗产保护实践. 北京：中国建筑工业出版社，2003：195.

国家提供财政资助。这项法令的实施为城市中心带来了新的住宅、健康的环境，但人们也发现，“好”的街区与“坏”的街区一起消失了，很多对“不卫生地区”的改造都并未考虑新的街区对城市空间脉络的影响。

政府主导的一刀切的做法，忽视了城市建设与城市历史文化历史保护的关联，导致城市风貌快速消失。

在这种背景下产生的1962年的《马尔罗法》(即《保护区法》)确定各种公共和私人角色在保护区中的权利和义务，平衡两者的关系，并促进双方共同参与保护区的更新发展。总的说来，法国的保护区管理是一种自上而下的体系，规划的制定和日常建设审批都由国家中央一级机构及其在地方的代表（省级建筑与遗产服务中心）直接管辖。

但是可以看到，中央政府的城市管理集权模式有所松动。国家通过与地方政府签订合同的方式推进这项政策，国家为地方提供财政支援，而目标是在这些城市建立一个城市发展的长期计划，振兴城市中心，改造旧区和更新旧建筑。对城市公共环境的改善在这些合同中占相当大的比重。整个过程中，地方政府的作用日益显现。同时注意历史环境保护过程中公众的话语权。保护区规划完成之前多方征求意见，特别是必须通过公众评议，力图使其合理完善。对获得建设许可的保护工程项目，国家按房屋是否为登录的历史建筑、房屋的历史价值、房屋的使用情况等标准，资助业主对房屋进行维修工作。这些措施对业主自我改造历史建筑起到很大的鼓励作用。

3）地方政府管理权利的提高

中央集权制在1983年的《地方分权法》之后彻底改变，对于城市管理领域来说，国家退出对市镇建设的大部分管理，而将这部分权力移交给地方，权力下放的基本原则是明确划分各个层次的权限，没有上一级权力机构监督下一级权力机构，各级权力机构通过他们的选民代表机构和执行机构自主贯彻他们的决定。同时这些决定必须符合国家的利益，并受到国家在地方的代表机构的监督。

法国发展了以合同的方式协调与地方政府关系的管理方法。国家不再分散分项拨款给地方，而是通过与地方达成协议的方式，与地方共同计划、投资国家扶持的建设项目。国家与大区、省、市镇联合体等各个行政等级都保持这种合约形式，帮助发展地方经济和改善生活环境。同样，大区也与省或市镇联合体达成发展协议。❶

这次放权大大地刺激了地方政府的积极性，在《地方分权法》中，创造了一种新的保护地区的类型——建筑、城市和风景遗产保护区（ZPPAUP），

---

❶ 周俭，张恺. 在城市上建造城市——法国城市历史遗产保护实践. 北京：中国建筑工业出版社，2003：22.

用来代替历史建筑周边 500m 半径的机械的保护范围。与以往自上而下的保护制度不同，这类保护区是否建立完全由地方政府自行决定，而其中的建设仍然要通过国家建筑与规划师的审批，体现了中央和地方的一种新的互助关系（国家建筑与规划师代表国家和公共利益）。

ZPPAUP 的制定和执行，都是地方政府与国家建筑与规划师合作的结果。同时，由于对 ZPPAUP 的研究工作和通过评审后的日常房屋维修工作，国家都给予一定补贴，因而对城市而言相当于增加了一项用于城市建设的长期财政拨款。地方政府对城市发展和提升城市形象的积极性日益提高，对保护区的关注也日渐增大（图 7-2）。

图 7-2　巴黎的历史环境已经与公众的生活产生重要联系

摄于：2004-09-29

4）更加广泛范围的公私合作

随着历史环境保护的发展，从对象到范围再到主体都发生了明显的变化，甚至保护的目的也已经变为不再仅仅是保护“物”，而是延伸到了对于“物”的范围内的“人”的生活方式的保障和发展。保护的参与者范围大大扩大了。

ZAC 是法国土地私有制度下的一种开发方式，从 1967 年开始随着现行城市规划管理体系的形成而实行。由国家机构进行组织，由不同开发商参与实施的对成片地区的开发，因而可将 ZAC 译为“商议发展区”。“商议发展区”有两种开展形式，一种为“公有商议发展区”，也就是政府承担总的责任和投资风险，委托有关公共机构或混合经济公司实施计划，并通过协议明确他们的责任。这种方式又称为“租赁方式”。另一种为“私有商议发展区”，也就是政府不需要承担风险，而是与私有开发商签订合同，由开发商承担全部工程的实施与投资风险，政府只是起到规划和组织的作用。这种方式又称为“合同方式”。

从这一时期至今，法国十分注重对城市旧区的改造，国家制定了一系列计划和措施，如减税，财政补贴等，用于鼓励和扶持对城市旧区、存在社会问题的城市地区的改造（周俭，张恺，2003）。随着政府角色的转变，私人和商业企业开始积极参与到历史环境的保护工作中。

7.2.2 英国的历史环境管治主体演变

1）历史环境保护从属于政府规划管理

在历史保护工作中，英国政府的权力较强。地方规划部门（Local Planning Authorities，简称LPA）对历史建筑拥有重要的管理权限。1947年的《城乡规划法》明确规定了城市规划的公共权优先于建筑所有者的财产权，不经过财产所有者的同意，没有相应的补偿措施就可以进行历史建筑的登录（王琪，2003）❶。

于是城市更新模式表现为计划式（Plan）更新。从20世纪初的清除贫民窟运动，到20世纪60年代末期城市复兴运动中的现代清除贫民窟运动，其城市更新的表现是与城市总体发展的战略相一致的。在这两个时期的清除贫民窟过程中，政府通过规划立法将开发权国有化，加强地方政府的规划权威，同时设立专门的管理和协调机构，制定各种财政优惠政策，为政府大规模干预城市和住宅建设奠定了基础。

大规模的内城贫民窟清除运动，使得大批非标准住宅被清除，但是，拆除后留出的空地由于地方政府的经济原因，许多一直空在那里等待重新开发，这反而又加剧了内城的荒废❷。政府对于历史街区的大规模干预带来更多的社会问题。

2）政府主导大规模更新的反思

在摧毁大量历史建筑后，人们发现，政府主导的集权的大规模的城市改造不仅未能取得预期的理想成果，反而带给许多历史名城难以挽回的巨大破坏，并加剧了城市中心地区的衰败。吴良镛先生曾评价指出，“现在来看，（西方）凡属大规模的改造，大拆大改的，都还没有成功的先例”（王琪，2003）❸。

20世纪60年代以后，各国学者与建筑从业人员对这场以大规模改造为主要表现形式的“城市更新”运动进行反思，总结并归纳得出采用“推倒重来”的粗放式大规模形体规划模式处理涵盖复杂社会、经济和文化背最的城市建设问题的重大缺陷。理论界的反思对身处困境的西方社会旧城更

---

❶ 王琪．城市历史保护的若干理论与方法——英国的经验：[硕士学位论文]．杭州：浙江大学，2003.

❷ 1875年和1890年的《住宅改善法》(Dwelling Improvement Act)，提出了英国历史上第一次关于清除贫民窟的法律。1890的《工人阶级住宅法》(The Housing of the Working Class Act)，要求地方政府对不符合卫生条件的居住区，即没有良好的给排水设施、道路紊乱、缺乏必要日照间距等的房屋进行改造。在英国政府20世纪60年代中期开始的解决内城问题、振兴城市中心区的过程中，也是以清除贫民窟重建作为主要改造方式。转引自：范文兵．上海里弄的保护与更新．上海：上海科学出版社，2004：60.

❸ 王琪．城市历史保护的若干理论与方法——英国的经验：[硕士学位论文]．杭州：浙江大学，2003.

新的实践产生了广泛而深刻的影响，在可持续发展的理念影响下，城市更新的理论和实践纳入了“城市历史保护”的概念，进入了一个全新的发展阶段。

英国是“新公共管理”运动的发源地之一。1979 年撒切尔夫人上台以后，英国保守党政府推行了西欧最激进的政府改革计划，开始这种以注重商业管理技术，引入竞争机制和顾客导向为特征的新公共管理改革。在这种背景下，历史环境保护主体也从政府主导，仅有专业者参与行为转化为更为广泛的社会调查和群众参与。保护包括了对城市经济、社会及文化结构中各种积极因素的综合保护和利用。在保护方法及手段上：由过去单纯文物考古和建筑修复，演进为多学科和团体共同参与的综合行为。

3）登录制度为主的多元利益协调程序

1990 年颁布的《城乡规划（登录建筑和保护区）法》除给出有关登录建筑的定义、法律程序外，还包含开发、改建、拆除、公众参与、产权关系、财政资助等内容。经过半个多世纪的发展，英国的登录建筑保护体系已经形成了由选定制度、规划许可证制度、保护官员制度、资金保障制度等为基础的完整系统。总体说来，英国登录建筑保护体系较之其他国家亦相对复杂、严密、行之有效。最关键的是，大多数公众愿意遵守其规则，登录建筑保护体系得到了广泛的支持，并由各级行政管理机构、监督咨询机构一同坚定、公正地贯彻执行。

作为一种国际通行的历史文化遗产保护制度，登录制度的导入使英国历史保护运动从单一僵硬的保存走向综合柔性的保护与合理再利用，灵活有效的保护机制成为历史保护中的重要环节（王琪，2003）。

7.2.3 德国的历史环境管治主体演变

1）国家对古迹的统一管理

早在普鲁士统一德国之前，1770 年成立了皇家领导办公室（Oberbaudepu-taion），在负责公共建筑管理的同时开始介入历史建筑的管理。1815 年，皇家领导办公室向国王提交了一份关于“普鲁士国家文物古迹和纪念物保护的基本原则”的报告，同年 10 月 14 日，普鲁士国王颁发了法令，将皇家建筑领导办公室的管理范围扩大到公共建筑以外国家纪念物的保留和修复，标志着普鲁士以国家的方式介入到古迹和纪念建筑的保护和管理中。1819 年普鲁士颁布了《对空闲城堡和修道院的保存规定》，又在 1823、1824 和 1830 年陆续颁发了《针对各种破坏和特征丧失的纪念物的保护和修缮》的有关条例❶。

---

❶ 左琰，德国柏林工业建筑遗产保护与再生的经验及启迪：[博士学位论文]. 上海：同济大学，2005：14.

2）技术发展与古迹管理的完善

19 世纪 70 年代，产业革命带来了生产力的巨大发展，进而使城市迅速扩张，同时相应的城市建筑管理也逐渐关注了古迹的保护管理。在 20 世纪初，管理法规大大完善，伴随着国家城市规划法律的不断完善，普鲁士在 1902 年和 1907 年制定了限制破坏城市和农村形象的法律，1904 年在市郊的新建住宅区法规中包含了古迹保护的有关条文。古迹文物保护的国家法规趋于完备。

3）面对更新的挑战历史环境范围的拓展

战后迅速的城市发展使得相当数量的城市旧城区面临大量拆建。与此同时多方面的力量推动历史环境概念范围的拓展：首先，能源危机导致了城市产业结构的变化，《自然环境保护法》等维护城市环境和公共利益的法律纷纷出台新开发建设项目的滑坡促使人们开始考虑将旧城区内原有设施和资源进行整合和再利用（左琰，2005）；另外，欧洲兴起的历史环境保护热潮对德国产生深刻影响，1975 年，欧洲议会通过了《建筑遗产的欧洲宪章》，为振兴衰退中的欧洲历史城市和保护文物古迹，发起了“欧洲建筑遗产年”的活动。1976 年德国采取行动，对《联邦建设法》作了修订和补充❶。

图 7-3　德国国会大厦

摄于：2004-08-26

图 7-4　德国国会大厦穹顶

摄于：2004-08-26

图 7-5　慕尼黑历史建筑

摄于：2004-08-29

随着文物数量的增加，文物概念也在不断扩充，从原先的单体建筑发展为建筑群、历史街区、城市景观等更为宽广的概念。保护的原则和方法也相应起了变化。

4）公众及非政府机构的作用大大增强

在保护历史环境的过程中，认识到保护历史街区，要强调维持传统的社区结构和经济活力，更强调使用，注意发挥它在城市社会生活中的作用，使之成为城市功能的新的组成部分。从 20 世纪 80 年代起，德国改变了 60、70 年代大面积拆建、新建的旧城改造，转为小步骤、谨慎的城市更新。作为非官方机构的“德国文物保护基金会”（Deutsche Stiftung Denkmalschutz）由

---

❶ 左琰，德国柏林工业建筑遗产保护与再生的经验及启迪：[博士学位论文]. 上海：同济大学，2005：15.

图 7-6 索尼中心历史建筑

摄于：2004-08-26

图 7-7 柏林威廉纪念教堂

摄于：2004-08-26

图 7-8 柏林墙旧址历史环境

摄于：2004-08-26

图 7-9 德骚古水塔扩建

摄于：2004-08-23

联邦政府总理倡导下成立于 1985 年，致力于保护联邦德国范围内受到威胁的文物建筑。与此同时，更多的个人也积极投身到历史环境保护工作中，截至 1991 年个人捐款达到 7 千万，使超过 2300 个文物建筑得到了修护。公众及非政府机构在 1991 年至 2001 年十年间为柏林 65 座历史建筑共投资了 715 万欧元，2002 年的 18 个项目，耗资 120 万欧元。公众及非政府机构在历史环境维护的工作中的力量大大增强。

7.2.4 美国的历史环境管治主体演变

1）起源于爱国主义的私人团体保护

在 19 世纪的美国，历史保护较早由私人支持——19 世纪早期，私人和保护团体的活动开始发挥影响，政府的作用相当有限。自 19 世纪 60 年代开始到 20 世纪初，历史住宅或其他单体建筑物的保存常常由爱国主义社团、国务官员、艺术家、协会组织、历史保护爱好者发起，保护历史建筑的最常见方式就是将它转为“房屋博物馆”（historic house museum），以供人参观的所得资金进行维护。1853 年成立的弗农山妇女联合会（Mount Vernon Ladies' Association of the Union）是公认的美国历史上最早成立的正式的历史保护组织，目的是保护首任总统华盛顿衰败中的故居弗农山。作为该组织的创始人，帕梅拉夫人（Ann Pamela Cunningham）以购买和修缮弗农山为名筹集款项，同时召集了一批在保护历史建筑方面兼备时间精力和热忱的妇女加入志愿活动，促成了它的成功保护（周旋旋，2003）。

2）政府加强历史资源集权管理

20 世纪 30 年代美国政府的作用开始增加，与欧洲历史保护交流的频繁，在吸收欧洲先进的保护技术的同时，政府也引进了欧洲相对集权的遗产管理模式，加之当时国际综合政治环境的影响，美国强化了政府在保护中的主导作用。由自然环境保护领域介入历史保护领域。联邦历史保护政策在国家生活中开始发挥作用。在总统支持下 1906 年首部针对历史资源保护的联邦《古物法》（Antiqutıes Act）通过，1916 年国家公园管理局成立，并对早前划定的国家公园、战场、西部地区古迹实施统一管理，这为历史保护引入了新的环境和规划视点。1935 年第一部《历史古迹法》（Historic Sites Act）授权联邦政府指定位于国家公有土地上的重要历史地标，对联邦拥有的历史考古资源进行有计划的维护和管理，这是美国历史上第一部完整的历史保护国家立法（周旋旋，2003）。

20 世纪初罗斯福总统在执政时期提出了对公共土地和资源实施强制性保护的建议，并实施长期政府负责的历史资源管理计划。在经历了政府主导的城市美化运动，清除贫民窟运动后❶。1954 年《住宅法》更被确定为清除衰败地区的城市更新（Urban Renewal）计划，联邦政府在这一阶段中的作用是：征地、清除和准备开发，因此被称为“联邦推土机”（Federal Bulldozer）❷。

3）联邦政府放权，公众参与保护

20 世纪 70 年代后，政府主导的城市更新计划受到越来越多的批评，甚至发生城市的暴力反对，城市更新计划对城市发展产生了许多负面影响，一些简单化的操作也使许多有价值的历史文化环境遭到破坏。美国国会于 1973 年宣布终止城市更新计划并于 1974 年以富有人文色彩的住宅与社区开发计划代替了城市更新计划。联邦公共政策由战后鼓励住宅新建、扩大绝对供给向鼓励旧建筑更新、持续使用开始转变。联邦政府借助财政手段（如联邦补助金、信托基金等）发挥间接作用。

作为一项社会过程，保护的开展更加依赖于社区团体的有效工作和更为复合的保护工作方法❸。人们认识到在保护领域汇集了不同阶层的价值观，必须组织国家、私人、公众保护团体的合作，地方政府在联邦政府无法企及

---

❶ 19 世纪末 20 世纪初在美国的大中城市里，与英国同样遇到了城市环境极其恶劣的问题。针对公共卫生环境改善的压力，美国采取的措施是颁布《住宅管理建设法》，当时认为传染病产生的根源在于贫民窟，因此希望通过对住宅卫生设施的配套解决卫生问题。在“卫生城市”成为城市更新、改良的主题之后，清除贫民窟、解决社会居住问题就成为新的城市更新主题。引自：范文兵．上海里弄的保护与更新．上海：上海科学出版社，2004：60.

❷ 范文兵．上海里弄的保护与更新．上海：上海科学出版社，2004：60.

❸ 周旋旋，美国历史保护体系和地方实践：[硕士学位论文]．上海：同济大学，2003.

的私人产权管理方面取得进展，越来越多的市民参与了保护活动。保护主义者和重建主义者又开始合作，共同成为中心区城市规划的互补性要素。

历史保护观念广泛接受成为地方和区域规划、社区和企业发展计划的常规组成部分，保护实践日益地方化和多样化，越来越多地由民间“草根”保护力量所参与，联邦政府的角色发生了转变（周旋旋，2003）。联邦层面的保护，采取以保护基金、税制优惠、引导为主、以法规控制为辅的原则。地方政府层面的保护，对历史保护通过规划控制来进行。近年来，美国的历史保护在城市规划和社区建设中的地位得到了加强，保护观念发生本质性变化，保护的经济意义日益增加，历史保护成为促进地方经济发展的重要力量❶。

7.3 历史环境管治方式的多元趋势

7.3.1 立法管理手段

1）英国的登录制度

1990年的《规划（登录建筑和保护区）法（Planning〈Listed Buildings and Conservation Areas〉Act 1990）》，除给出有关登录建筑（Listed Buildings）的定义、法律程序外，还包含与登录建筑开发、改建、拆除、公众参与、产权关系、财政资助相关的各项条款。

在英国建筑登录制度是城市规划体系中的一个重要环节，而不仅仅是对某些特定建筑的保护措施。当时的法律中已经明确规定：地方规划部门（Local Planning Authorities，简称LPA）对历史建筑拥有部分的管理权限（张松，2001）。

英国的登录制度是比较完善和严密的历史保护管理制度，它关注公众意见和协会的意见。

在登录过程中，除了政机构的审议程序之外，调动了充分的社区和专业者的参与。在前期历史资产的调查中，不仅是地方政府、社区团体、SHOP和NKAC等行政机构履行日常工作职责，任何有兴趣于历史保护的团体和个人、资产所有者都可参与其中。这些较为灵活柔性的措施，使得保护工作不仅仅是个别专家和有关行政职能部门的专业性工作，而成为一项非常社会化的综合保护❷。

通过现场公示和地方报纸上公布，依据对此表示赞成或反对的意见，地方规划部门做出决定。

---

❶ 张松. 历史城市保护学导论——文化遗产和历史环境保护的一种整体性方法. 上海：上海科学技术出版社，2001：185.

❷ 王琪. 城市历史保护的若干理论与方法——英国的经验：[硕士学位论文]. 杭州：浙江大学，2003.

与Ⅰ级和Ⅱ*级登录建筑相关的所有变更建设行为，以及Ⅱ级登录建筑的拆除的许可申请，通过地方规划部门报告环境部，并通知英国建筑学会、古迹保护委员会、乔治集团、维多利亚协会等与历史建筑调查研究有关的全国性民间组织，按规定必须听取他们的意见、作为处理问题的法律依据之一。其中，全英宜人环境协会全面协调与登录建筑改造相关的事宜。

2）法国的国家建筑师和规划师制度

"国家建筑与规划师"（AUE）任职于"建筑与遗产省级服务中心"（SDAP），SDAP作为一个省级服务机构是由省长直接授权的机构，从而不会受到市级政府的左右❶。

国家建筑与规划师的工作主要涉及在被保护的城市地区，与市长共同负责管理日常的建设活动。所有建设项目的拆除许可证和建设许可证由当地市长签发，但国家建筑与规划师在签发前给予意见，根据不同类型和不同等级的被保护地区，他们的意见分为两种：一种为"Avis conforme"，即国家建筑与规划师的意见是必须的，没有他们的同意，市长不能签发许可证，如在保护区和ZPPAUP中的意见。另一种为"Avis simple"，即国家建筑与规划师给予他们的意见，但市长可以否定。

在被保护的地区，法律赋予国家建筑与规划师在项目审批中很大的否决权，他们代表国家利益，从专家的角度出发，对被保护的地区中的拆除和建设活动进行调控，特别是在各地的保护区和ZPPAUP中。作为不受地方政府管理而具有相对独立地位的专家，为地方政府的决策提供专业、客观的依据。

3）美国的认可地方政府政策

1980年美国《国家历史保护法》的修订案建立"认可地方政府"（certified local government）计划，支持地方政府直接参与州一级层面的历史资源保护规划，并通过一定的竞争和鼓励机制给予受认可的地方政府特定权利和奖励。认可政府在履行一定责任的条件下，较之未认可政府，可以获得更多技术和培训支持，还可以直接参与国家登录政治体程序和"106条款审议"，并在建立地方保护系统的同时获得相应拨款，1981年，全美国有632个地方市镇成为"认可地方政府"。这项政策给地方政府更大的历史保护的权利，并通过多种方式引导地方政府对历史保护的重视。

4）资金保证政策

意大利中央政府每年都要投入大量资金用于文物保护，而且基本保持10%的年增长率。1999年，中央财政用于文物保护和博物馆工作的资命总

---

❶ 周俭，张恺．在城市上建造城市——法国城市历史遗产保护实践．北京：中国建筑工业出版社，2003.

量约 3 万亿里拉（约合人民币 120 亿元），约占国民总收入的 0.16%。这个数字不包括文化遗产部所辖各机构、各文博单位的行政费用和人员工资，也不包括建设新项目等其他费用。另外，此外各大区、市政府也拨款用于文物保护❶。

美国的周转基金制度（Revolving Fund）是为了历史环境保护活动而筹集的资金。这种基金必须按时返还，然后为同样目的再次使用，所以成为周转基金。有了周转基金的支援，许多历史建筑避免了被拆毁的厄运。同时，为市中心重新焕发活力做出了贡献。一般，周转基金由负责历史环境保护的非盈利组织（NPO）管理，而不是由联邦、州或地方政府管理的❷。

5）历史环境保护控制的合法化

美国的历史环境保护拥有相当多的自由，所有者对建筑的扩建、改建及色彩改变、出售甚至拆除等行为均是允许的。

国家登录制度对于登录资产的直接意义在于资格认定（recognition），但仅仅通过建议性的协商，并不能提供绝对保护。

但是在 1954 年由联邦法院裁决的著名的巴曼对帕克案例中，联邦最高法院对美观区划条例的合法性给予了支持，美观第一次可作为单独的政府管理因由出现。一系列潜在的法律挑战包括程序公正、私人产权、残疾人法案（the Americans With Disabilities Act（ADA））和宗教资产的指定等等，多数历史保护条例经受住了过程合法性的质疑。

这一判决导致了 80 年代以历史保护为目的的、新的土地用途控制规划的全面展开。其重要历史意义在于，为提高城市生活环境的质量，可以通过土地用途控制来保护城市特色和地区的景观特征，历史保护条例成为公共部门行政执法权的正当组成❸。

6）公共地役权的控制

地役权（Easement）又称地上权，或土地使用权。为对他人所有的土地、建筑等不动产的使用权，以及获取所有权以外的其他利益和特权的权力，包含采光权、施工需要的临时建筑等土地利用权或通行权。过去道路建设部门为施工或管理的方便，常常以契约形式购买一定时期的地役权。

现在，为保护历史环境对地役权实行再划定或转让。由历史建筑物（或构筑物）的所有者，定下一份契约书，保证在一定时期内不进行改变其特征的增建、改建，将地役权转让或寄赠给非营利性组织（NPO）或地方政府机构，从而达到保护历史建筑的目的。历史保护方面地役权的控制方式，一

---

❶ 辛慧琴. 意大利古旧建筑保护及改造再利用浅析：[硕士学位论文]. 杭州：浙江大学，2005.

❷ 张松. 历史城市保护学导论——文化遗产和历史环境保护的一种整体性方法. 上海：上海科学技术出版社，2001：173.

❸ 周旋旋，美国历史保护体系和地方实践：[硕士学位论文]. 上海：同济大学，2003.

般有以下 3 种类型：

(1) 通过对开发权的控制，保护优美的历史景观、重要历史建筑的周边环境、文物古迹以及为保护历史环境而划定的开放空间（Open Space）等。

(2) 对建筑外观，立面变更进行控制，对建筑的维护，管理提出要求。

(3) 将建筑室内的一部分或全体作为保护对象。

7.3.2 利益引导手段

美国城市中心区的历史遗产，承受地产开发的压力，突显了城市发展与保存间的冲突与矛盾。地方政府、城市规划部门、历史保护组织探索各种方式，希望通过谈判来控制引导城市形态，保护历史环境。

1) 美国的奖励区划手段

奖励区划制度（Incentive Zoning）：1961 年，时任纽约市总设计师的乔纳森，巴奈特（Jonathan Barnett）采取了增加楼面面积的策略。如果按照城市公共利益的原则开发新建项目，作为奖励可多建 20%的建筑面积，或者允许房地产开发商兴建比法定容积率更多的空间用于出租或出售，作为回报，开发商必须为公共利益提供一些设施，例如公共福利设施（广场、开放空间）、城市基础设施（加宽人行道或设置地面层的零售活动）、低收入者住宅和历史建筑的保护（如为邻近的零售建筑留出必要的视线通道）。

这项制度在某些特定的区域内，为了缓解城市的整体利益和大众利益与私人、公司团体等开发者利益之间的矛盾，同时也为了控制和鼓励开发者的开发行为，起到了很好的引导作用，后来被世界上很多城市所采纳，尽管存在不少的负面效应❶，但是为管治思路提供了更加多元的手段。

2) 美国的发展权转移手段

发展权转移❷（transfer of development rights 以下简称 TDR）又称容积率转移、开发权转移，是美国土地使用分区奖励制度的发展。其基本原理是为了保护和控制城市的历史资产和公共空间，将相关业主应获得的作为财产权利的建筑容积率，转移到另外地区去加以运用。发展权转移是针对历史资产和公共空间因受到保护的限制为了补偿业主在既有财产权方面的损失，以交换历史资产和公共空间长久保存、持续利用的公共目标而设定的。这种方式使得受规划限制的基地的业主获得其他开发商的经济补偿，从而使规划

❶ 不少城市在推行这一奖励政策中发现了它的负面效应，城市中高层建筑越来越多，常年处于阴暗中的街道越来越多，而提供给市民的公共利益却有限。因此，一些城市已限制甚至取消了这项制度，例如波士顿只在某些特定区推行这一奖励政策，西雅图和费城则已降低了奖励的标准，旧金山则完全废止了这一奖励政策。引自：范文兵. 上海里弄的保护与更新. 上海：上海科学出版社，2004：60.

❷ 最初始于 1969 年纽约市在“大中央车站保护”（Orand Central Station）中首次应用“发展权转移”办法，以达到大中央车站历史资产保护的目的。引自：周旋旋，美国历史保护体系和地方实践：[硕士学位论文]. 上海：同济大学，2003.

控制和历史保护变得经济可行。

发展权转移经历了“相邻基地转移”、“指定区内转移”、“发展权银行”三种发展权转移的实现方式的演进，转移方式更加灵活。

尽管对相关地区公众而言，常常质疑发展权转移政策执行后可能产生的不良后果。但是不能否认，作为一种基于城市房地产市场的历史环境保护方法，它在平衡多方面利益方面有其独到的成功之处。

3）资金和税收引导

为了保护登录历史资产和历史环境，美国联邦政府采取了一系列税制优惠政策和其他经济优惠（Incentives for the Preservation Of National Register Properties）措施，以鼓励资产所有者对历史建筑的维护和修缮。

美国1976年的《税收改革法》和1981年的《经济复兴税收法》都为登录资产提供可观的税额减免，将大量投资者和开发商带入城市历史保护领域。1986年的税制改革法，确定联邦政府有关登录资产保护的税制优惠政策有投资税额减免和加速成本返还制度。缓解了资金紧张的问题❶。

其中，《税收改革法》（Tax Reform Act of 1976）“为鼓励历史建筑保护而提供税额减免”，减免内容包括“为合格历史建筑相应的修复开支提供分期偿付方式”。

美国联邦政府的经济优惠政策包括：投资税额减免，加速折旧等制度。州政府的税收优惠政策包括：财产税免除，所得税减额，税额减少，特例评价，销售税的免除等❷。

法国对所有被保护的建筑或地区，国家都对建筑的维修给予补贴或减税的政策，得到补贴最高的是列级的历史建筑，可达到55%。其次是列入补充名单的历史建筑和保护区中被保护的建筑，可达到25%～45%，其中尤以业主维修后用以出租的情况得到的补贴最多。ZPPAUP有国家拨款的法律规定，对在其范围内获得建设许可的工程项口，国家将资助业主维修房屋的工作❸。

在挪威，有些城市政府部门直接投资用以改善保护地区的外部环境，鼓励居民迁入。政府将旧住宅改善纳入国家住宅银行低息贷款，私房主、用房机构可利用贷款整修有一定价值的老住宅，寻找低租金住宅的租户也可以贷款整修无人居住的破旧住宅，整修后可免费居住数年。

丹麦，1983年通过了全新的《城市更新法案》（Urban Renewal Act）

---

❶ 周旋旋，美国历史保护体系和地方实践：[硕士学位论文]. 上海：同济大学，2003.

❷ 张松. 历史城市保护学导论——文化遗产和历史环境保护的一种整体性方法. 上海：上海科学技术出版社，2001：172.

❸ 周俭，张恺. 在城市上建造城市——法国城市历史遗产保护实践. 北京：中国建筑工业出版社，2003：39.

将单体建筑的更新纳入城市更新财政补贴范围，使得小规模的住宅更新得以全面展开（谭英，1996）。

日本登录建筑的管理和修理原则由所有者承担，享受一些补贴。如减少有关房屋的地价税（1/2）；减少固定资产税（1/2 以内）：指定一些银行和开发公库对登录价值保护和活用的事业经费之一部分实行低利融资❶。

自 1996 年以来，国家通过法律形式规定，将彩票收入的千分之八作为文物保护的资金。除此之外，意大利还在税收方面制定了一些有利于文化事业的政策❷。

4）适当再利用的方式的青睐

面对私有产权下“历史资产指定”（historic property designation）对业主“财产权”（property value）侵犯的指控，1966 年蓝带委员会（the blue ribbon Rains Committee）、国家历史保护信托基金会和国家公园管理局发起了“新保护运动”（New preservation），“适当再利用”为陈旧的建筑和地区不能适应现代功能提供了一种灵活的解决办法。

自 20 世纪 60 年代末期起，大型公共建筑的更新改造由美学欣赏的举动转化为自然的市场行为，从波士顿、西雅图到旧金山，美国的保护者都取得了不同程度的成功。一些商业保护项目的成功和新建设费用的日益提高，使得旧建筑的更新利用更富吸引力。之前，人们十分推崇新建办公塔楼、购物中心的新型结构和建筑形式，此时，历史建筑的精致的设计特征也开始受到青睐。美国城市的建成环境中，老市政厅、办公和商业建筑、铁路车站、法院、邮局、仓库、公共市场和工厂建筑经常是“适当再利用”（adaptive reuse）的对象❸。

法国历史建筑也常常采用再利用的方式，通过改建建筑内部空间而使原来的建筑实体具有新的功能，使之适应新的城市需求。奥赛（Orsay）美术馆的利用是这方面的重要实例。卢浮宫扩建工程则为再利用为历史保护与经济利益平衡提供了更具吸引力的探索。

7.3.3 多元协商手段

1）寻求多元支持

积极寻求多元的支持是历史环境保护工作中解决一些难题的一条重要途径。因为历史环境保护是一项复杂的工作，有对于资金、技术、理念、法规等多方面的需求。仅靠自身的有限力量有时候无法解决诸多的难题，于是有些国家的保护主体开始将视线积极向外拓展寻求国际支持、专家帮助、企业

---

❶ 范文兵．上海里弄的保护与更新．上海：上海科学出版社，2004：60.

❷ 辛慧琴．意大利古旧建筑保护及改造再利用浅析：[硕士学位论文]．杭州：浙江大学，2005.

❸ 周旋旋，美国历史保护体系和地方实践：[硕士学位论文]．上海：同济大学，2003.

赞助等。

其中，意大利在寻求国际支持方面积累了相当多的经验。积极依靠国际古城、古建筑保护组织机构和技术力量，是意大利古城和古建筑保护的一大特点。尽管意大利全国对保护古城、古建筑十分重视，也有强大的队伍和技术，但是他们与联合国教科文组织关系十分密切，一些大的保护项目，如对“拯救威尼斯”进行国际宣传，取得世界支持；再如对比萨斜塔的保护，也是从全世界征集方案，该塔一直在意大利文保工程技术人员监护实施保护工程，取得了良好的社会效益和国际反响❶。

美国在寻求企业赞助方面也有很多成功的案例。1926 年美国巨富之一的洛克菲勒家族为家乡弗吉尼亚州的威廉斯堡镇（Colonial Willamsburg）先后投入资金 6850 万美元，促成美国首个完整城市地区的风貌重建，使之重现作为弗吉尼亚州首个殖民地首府和“自由的诞生地”的当年场景。在“修复”工作中，约有 450 座 1790 年以后拆毁的“殖民时期”建筑根据史料得到重建，近 100 座建筑得到修缮，但同时也约有 600 座被鉴定为“殖民时期之后”的建筑被拆除。

尽管重建的方式受到争议，威廉斯堡的保护实践在美国保护历史上的影响要大于其重建建筑的价值。这项工程开启了企业投资历史环境保护的先河，其后类似的实例还有福特家族格林菲力德村（Greenfield Village）的重建工程❷。

意大利企业和私人也设有专门的文物保护基金（辛慧琴，2005）。

城市企业化思想是 1991 年亚特兰大制定的城市复兴计划首先提出，希望通过社会救助使城市得以复兴。每个贫民区都有一个当地公司作为赞助者，像马特里奥、可口可乐和贝尔南方公司这样的大公司都提供一定的资金并派一名专职高级行政人员同当地社区领袖一起工作。这些指定的行政人员和公司其他志愿人士通过各种方法解决社区问题（曲凌雁，1998）❸。

寻求专业人员的帮助方面不仅限于保护技术方面，意大利庞贝中心局在遗产管理方面聘请经营专家来改善资金不足的难题。

庞贝中心局人事管理实行“一局两制”，除国家工作人员外，又从社会上招聘了一些专门从事“经营”工作的人员，这些“经营”人员从事与公共宣传、公众服务相关的商业活动，熟悉市场，长于策划，大多有着较强的经营和管理能力。他们的加入，大大改善了经营状况，增加了收入❹。

---

❶ 辛慧琴. 意大利古旧建筑保护及改造再利用浅析：[硕士学位论文]. 杭州：浙江大学，2005.

❷ 周旋旋，美国历史保护体系和地方实践：[硕士学位论文]. 上海：同济大学，2003.

❸ 曲凌雁. 城市更新及对策——关于城市更新的多层次认识：[博士论文]. 上海：同济大学建筑城规学院，1998 转引自：范文兵. 上海里弄的保护与更新. 上海：上海科学出版社，2004：60.

❹ 辛慧琴. 意大利古旧建筑保护及改造再利用浅析：[硕士学位论文]. 杭州：浙江大学，2005.

2）社区发展计划

从20世纪70年代中期开始，英国很多大城市旧区的某些中低收入街区自发地组织起来维护自己社区的利益。不少历史街区就是通过这种自下而上的社区参与方式保存下来的。在这种城市“草根运动”中，不少富有社会责任感的规划师和建筑师积极参与、组织、支持了社区规划和社区建筑的发展，如伦敦中心区的考印街社区非营利社区开发公司的发展等等（图）❶。

美国1966年《国家历史保护法》通过的一个主要推动力就来自于地方社区❷。

对普通居民的关注方面：在保护中下层居民利益、倡导社会公正和保持社区文化的社会潮流下，政府（特别是一些欧洲国家的政府）在更新改造过程中通过立法、增加经济补贴等方式，对旧房改造给予了很多的经济支持和技术指导。另外，还通过法律手段，保证居民多层次地参与（Participation）改造全过程*，其参与方式主要有：

（1）推行旧居住区改造规划方案的社会参与　主要途径有：第一，建立改造方案向社区居民公示制度，由当地居民和社区组织评选和提出修改意见；第二，在专业人员的帮助下，让居民有组织地参与旧住宅改造方式决策和提出居住改善需求。

（2）普及旧房改造专业培训制度　如加拿大面向社区和居民，常设全国性的“旧房修复技术培训课程”。培训对象有房产业主、改造承包商和经营者、房产质量检查评估员，修复管理人和拟改造的住房居民。

（3）鼓励社区居民积极参与住房改善项目的管理　如自行组建住房改造合作社、旧区改造居民管理委员会与社区组织，并赋予自主决策和监督管理权，鼓励私房业主和私营企业参与住区改善项目的竞争，住房改造后交由社区居民组织管理等❸。

丹麦1983年通过了全新的《城市更新法案》（Urban Renewal Act）。新法案要求尽可能保护旧的居住街坊，适当改善其居住条件；一些有特殊历史价值和建筑价值或对城市环境有积极意义的建筑单体应得到保护和整修，即使整修的费用可能大大超过新建；将单栋建筑的更新纳入城市更新财政补贴范围，使得小规模的住宅更新改造得以全面展开。

邻里保护，特别是对低收入邻里的保护，以及居民参与下的环境改善和社区发展自20世纪70年代以来成为各方面普遍接受的新战略。政府对旧住宅改善的经济补贴增加，一方面用于补贴更新地区的低收入居民，另一方面

---

❶ 范文兵．上海里弄的保护与更新．上海：上海科学出版社，2004：60.

❷ 周旋旋，美国历史保护体系和地方实践：[硕士学位论文]．上海：同济大学，2003.

❸ 范文兵．上海里弄的保护与更新．上海：上海科学出版社，2004：60.

用于组织居民和社区的参与。与此同时，促进私人出租住宅向住宅合作社形式转变也是鼓励居民和社区参与的有力措施。

3）民间保护组织

为了开展更为综合有效的历史环境保护，美国最先开始了民间保护组织的实践。1816年受到拆除威胁的费城独立大厅在保护协会呼吁下被市政当局买下，19世纪60年代弗农山华盛顿故居由妇女志愿保护组织收购并修复为博物馆。

成立于1946年的非营利组织性质国家历史保护信托基金会（National Trust for Historic Preservation），作为由国会确立宪章并提供资金的非政府组织，它的目标是让更多的私人部门参与到保护中。此后，数量众多的地方性历史遗产纳入联邦层面的保护和资助对象中。通过历史保护宣传和教育来鼓励市民改善居住环境，复兴地方社区，作为有意识的引导者和组织者，基金会为草根保护运动提供官方认同和政策支持。从1986年到20世纪90年代初，基金会保护团体成员由185,000增加至超过250,000个，促进了公众对历史保护的广泛参与，约有600,000美国人参加了各种形式的历史保护组织和团体。

由基金会开展的两项较为成功并受人瞩目的保护计划分别是“主要街道整治”（Main street Program）和“邻里保护”（Neighborhood Conservation Program）计划。由历史保护信托基金会开展的，“主要街道整治”计划（Main street Program）将小城镇的商业经营者培养为保护者，在推行的10余年中成功的例子数以百计；保护基金会开展的“邻里保护计划”推动传统居住区的居民、少数族裔和保护支持者们积极参与保护和社区环境活动❶。

意大利各地都有的保护文物和历史建筑的民间组织，其中最大的全国性组织是“我们的意大利”。它成立于1955年，在国内外有100多个分部，十几万会员，国会里和法律界都有它的会员。这是一个对政府“施加影响的压力集团”。它设有资料机构、研究机构、出版机构和教育机构，所以它不但具有舆论力量，而且是一个学术性的实体。从成立以来，它为意大利的古旧建筑保护做出了很多有意义的贡献。影响最大的活动有两件：一件是挫败了很有势力的一批房地产投资商，促使国家制定法律，把罗马城外的古阿庇亚大道两侧保留为国家公园，不许再造房子；另一件是使国家制定法律，规定凡有一定历史的城市规划，都要有总建筑师、总文物保护师和总考古监督三

❶ 前者始于1977年，参照英国“市民基金会”的活动组织模式，鼓励修复中小城市商业区建筑，以此带动内城经济发展，据1988年的统计，通过在全国800个商业地区实施，获得25亿美元的投资回报和6万个就业岗位；后者针对1970年代相当数量年轻阶层“回到城市”的趋势，提出传统居住邻里的保护和复兴措施。引自：周旋旋，美国历史保护体系和地方实践：[硕士学位论文]. 上海：同济大学，2003.

个人联合签署才有效。这几次胜利不但提高了政府对文物建筑和历史地段的重视，也大大提高了公众对文化遗产的认识。“我们的意大利”对促成意大利人珍惜文物和历史建筑的风气是大有贡献的，它也受到国际文物保护界的尊重，影响力很大❶。

在法国存在着各种大大小小的协会，这些协会是公民为更好地发表意见和保护自身利益而成立的民间组织。这些协会可以向政府反映意见，参与计划和管理工作，起着监督权力的作用，如果这些组织受到政府的认可，还可以参与部分官方工作。如“领土发展规划国家委员会”、“地方环境保护委员会”等。协会的活动范围与行政范围不直接相关，有许多协会是跨市、跨省，甚至是跨大区的，有些协会组成网络，在法国是一支不可忽视的民间力量。❷

4）开发协商与管治

近年美国历史保护控制越来越依赖于开发协商的系统，历史地区设计审议过程涉及多个利益团体和公共主体，如历史资产或历史建筑物业主、地产开发商、地方规划委员会、地方历史保护委员会、市议会等。程序运作成功与否不仅在于历史保护委员会的法定权力，政治及社区力量对历史地区保护的支持也相当重要。

和工业时期城市同步诞生的美国城市规划较早就含有城市整体性的公共管治的概念，它包括对城市美观建设的社会化以及对个人行为的许可和规范两方面的内容。它将国家公共政府的权力扩展到个人拥有物品的范围之内，避免个人的自由行为妨碍到城市公共环境。20 世纪中期以后的发展更加受到政府公共政策和社会经济状况的影响❸。

美国历史地区（historic district）的保护，不仅保护旧的、连续分布的历史建筑，也要协调新的建设行为，协调地区范围内的变更和开发模式，因为地区设计控制在更广的范围开展，为鼓励房产所有者更新历史建筑、成立社区组织、实施灵活的税收制度提供了空间管理工具，体现了美国地方开发控制程序性和协商性的特征。

丹麦西桥内地区更新项目是开发协商系统的重要实例：

首先成立了西桥内地区城市更新中心，包括建筑师、社会工作者、经济学家等共 10 人，负责联系居民和城市住宅更新改造公司——更新的具体组织者。中心向居民提供与更新有关的信息，听取居民的意见，并根据他们的情况给予建议。鼓励居民参与的另一措施是，政府规定如果一栋私人出租住

---

❶ 辛慧琴. 意大利古旧建筑保护及改造再利用浅析：[硕士学位论文]. 杭州：浙江大学，2005.

❷ 周俭，张恺. 在城市上建造城市——法国城市历史遗产保护实践. 北京：中国建筑工业出版社，2003.

❸ 周旋旋，美国历史保护体系和地方实践：[硕士学位论文]. 上海：同济大学，2003.

宅中有30%的住户愿意以住宅合作社的形式拥有这栋住宅，丹麦住宅合作社总社就可以买下这栋住宅，并由原居民中的家庭拥有和管理。他们向合作社总社分期付款，并收取其他住户的租金。这样，至少一部分居民对住宅和社区更有责任感，在改造过程中会积极参与计划和实施。

在经济方面，更新力求不过分提高被更新住宅单元的面积和设施标准，使这里的住宅仍适合于单身居民、年轻人、单身母亲等租户的经济能力，并通过租金封顶的政策使原有居民在改造后能够继续住在这里，减少搬迁和房租提高对居民产生的压力。更新还力求保留原有的各种商业和经济活动，增加就业。

更新的另一个重要方面是拯救本地区的建筑和文化遗产，拆除危旧建筑。插建方案都经过谨慎推敲，并听取居民的意见（谭英，1997）❶。

5）教育引导

关于文化价值、历史价值、科学价值的作用很容易理解，特别值得一提的是情感价值的作用，对这方面的揭示是近年来古旧建筑保护新理念的主要反映之一，其内容的核心是“文化认同”。所谓文化认同，其表层的含义是每个民族在社会文明进程中寻找自身落点的依凭，其深层的作用则是通过这种文化落点和文化归属的认同，在强调本体价值，尊重多元文化并存的现代社会文化产生一种凝聚作用，以期达到民族之间的共处和国家的巩固。

这种文化的认同感在意大利已经形成，很容易听到一个普通的意大利人和你讲述他所处的城市的历史、建筑，都带着对自己民族文化的自豪感，这与意大利政府的大力宣传和教育有关，以与意大利的文化传统有关❷。

1964年，哥伦比亚大学在美国率先开设历史保护课程。80年代以来，许多大学都开始设置历史保护专业或课程。1981年，全美共有45所大学开设有“历史保护”专业的学士、硕士学位课程，辛辛那提大学、伊利诺大学等5所大学开设有博士学位课程。到1989年，设置有“历史保护”专业的大学就已经超过100所❸。

7.4 小结

从国外历史保护的发展趋势看，经历了这样一个演变过程：

（1）在保护对象上：不再限于建筑本身，而是扩展到其周围的建筑环境，自然环境；（2）在保护范围上：经历了从文物建筑，历史地段和城市保护的升级；（3）在保护深度上：从单纯的建筑实体的保护演进到对自然环

❶ 转引自：范文兵. 上海里弄的保护与更新. 上海：上海科学出版社，2004：60.

❷ 辛慧琴. 意大利古旧建筑保护及改造再利用浅析：[硕士学位论文]. 杭州：浙江大学，2005.

❸ 张松. 历史城市保护学导论——文化遗产和历史环境保护的一种整体性方法. 上海：上海科学技术出版社，2001：161.

境，人文环境，文化特色都加以保护的综合概念；(4) 在保护方法及手段上：亦由过去单纯文物考古和建筑修复，演进为多学科共同参与的综合行为；(5) 从保护主体上：从建筑师，规划师，文物保护者单方面的参与行为转化为更为广泛的社会调查和群众参与。

从国外历史环境管理的发展演变可以看出来，人们认识到在保护领域汇集了不同阶层的价值观，必须组织国家、私人、公众保护团体的合作，地方政府在联邦政府无法企及的私人产权管理方面取得进展，越来越多的市民参与了保护活动（周旋旋，2003）。国外80年代以来的变化，受到深刻的社会经济背景的影响，与同时期发生重大变化的管治思路同出一辙。

管治理论是1990年代在国外兴起的一个研究热点，它认识到了组织之间的相互依赖❶，强调管理工作的多元、和谐、灵活、持续等特点。

回顾了国外历史环境保护演变的过程，将国外历史环境“全面性”保护理念同“管治”理论放在一起来对比会发现两者有着紧密的联系，他们产生的背景、产生的时代、目标和实现方式都有很多相似之处。不论是在历史环境保护领域对管治理论进行借鉴还是将历史环境的实证研究作为管治理论的分支研究都具有重要的价值。

当然，国外的历史环境保护的手段是建立在完全私有的背景上，这个背景是私人产权至上的意识和体制。因此作为一种管理，美式区划法在不完全放弃它的基本逻辑的前提下，是不可能成功塑造去适合中国背景的（梁鹤年，2005）❷。在我国市场经济转型中，除了借鉴国外经验，还需要加强对于具体问题的实证研究。

---

❶ 格里·斯托克总结了关于管治的5种观点：(1) 权力中心多元；(2) 国家与社会之间、公共部门与私人部门之间的界限和责任便日益变得模糊不清；(3) 在涉及集体行为的各个社会公共机构之间存在着权力依赖；(4) 参与者最终将形成一个自主的网络；(5) 办好事情的能力并不仅限于政府的权力，在公共事务的管理中，还存在着其他的管理方法和技术。转引自：黄骊．国外大都市区治理模式．南京：东南大学出版社，2002.

❷ 梁鹤年，抄袭与学习．城市规划，2005，Vol. 214 (11)：18.

第 8 章　历史环境管治理论的框架建构

在认识到历史环境在多元主体的推动下面临困境之后，我们需要充分考虑和研究多元主体的利益诉求，进而发展推动历史环境的积极的合力。此时，管治理论为我们提供了一个重要的理论工具。本章内容探讨将管治理论融入历史环境的保护工作中，为历史环境的延续寻找新的思路。

8.1　历史环境保护与管治的结合

8.1.1　作为一种公共物品的历史环境

1）历史环境的特点

历史环境是文化遗产保护的一部分。作为一种不可再生的资源，历史环境具有文化遗产的共性又有与文物保护单位不同的个性，由于承载了多样的城市生活，不可避免地受到城市发展和更新的社会影响。它具有整体性、原真性、层次性、目标多样性等特性。总体来说，历史环境保护的范围很广，涉及保护的主体多元，保护的手段和模式多样。

图 8-1　承载多样生活的国外历史环境　　　　摄于 2004-09-12～2004-10-10

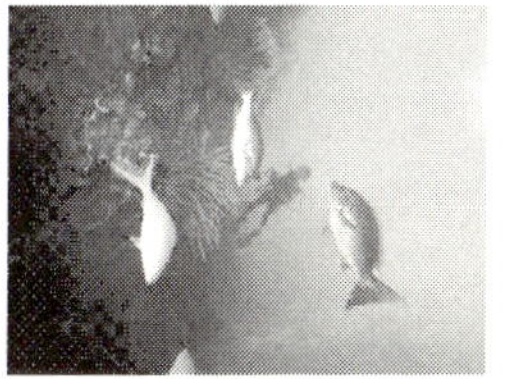

图 8-2　森林、草场、河流、海洋等公共物品　　　　来源：http://image.baidu.com

2）公共物品特性

类似于清新的空气和茂密的森林，历史环境是一种公共物品，对历史环境的破坏被称作“第三公害”。广义地理解历史环境，可以发现其具有公共物品的特性：消费上的非竞争性和消费上的非排他性。消费上的非竞争性是指历史环境作为人类历史留给人类的共同财富，它展现在世人面前，大家可以平等地来欣赏。妥善保护的历史环境的艺术、历史、经济及社会价值将惠及当代的每一个人，并能够保证后代合理分享。消费上的非排他性是指要想将某些人完全排除在历史环境保护所带来的利益之外是不容易的，即使能够做到也代价巨大。

8.1.2 个体理性选择下历史环境的危机

1）转型期社会背景

当前，中国正处于从计划经济体制向市场经济体制转型，社会成员的观念和价值取向从一元向多元发展，社会成员独立思考、自主抉择的自由度增加，主体的内在力量逐步得到发挥；社会主导观念受到冲击，集体主义、整体观念和献身精神有所弱化，实用主义、个人主义、利己主义、功用主义有所加强，围绕利益的社会矛盾增多，社会要求构建现代产权关系的经济转型相呼应，要求形成新的社会利益整合机制（王乐夫，2004）。

2）历史环境面临的现实难题

当今的历史环境处于多元主体的作用下，常常成为多元主体利益博弈调和的牺牲品。前文已经说明，在当前并不完善的市场经济体制下，城市中有三种基本的社会力量“政府力”、“市场力”、“社会力”在同时推动和作用于城市环境的演化，多元主体各有自己的理性选择。历史环境困境的本质就是多元主体作用下原真性的快速消失。

3）城市历史环境集体行动的悲剧

如同“哈定悲剧”中过度放牧的草场，每一位牧民都做出了对自己有利的最优选择，然而个体理性的叠加等于集体非理性，草场在牧民的竞争中的消失危及大家的利益。当今城市历史环境所处的困境正是这样一种“悲剧”。地方政府在区域竞争的发展压力下，成为利益博弈中的一极，地方经济发展成为地方政府追求的目标；市场的主体以商业利益为追逐目标；社会主体尽管力量较弱，但也逐渐显示出其对于维护自身利益的诉求。城市的历史环境就像哈定所述的草场一样，就在这场竞争中，被“政绩工程”、“房地产”、或者“危旧房改造”所吞噬了。

8.1.3 管治思路对于集体非理性的克服

对于哈定悲剧（The Tragedy of Commons）的克服，哈定提出两种办法：权力约束和道德约束。

埃莉诺·奥斯特罗姆则针对瑞士和日本的山地牧场及森林的公共池塘

资源，以及西班牙和菲律宾群岛的灌溉系统的组织状况进行了更加深入的实证研究，试图从组织内部寻找用管治思路来解决脆弱资源破坏的有效机制。

管治思路对于我们所面临的公共选择的实践问题，尤其是思考如何避免公共物品的退化，并挽救已经在退化的公共事物，如断流时间越来越长、很可能永远成为内陆河的黄河、污染日重的淮河和太湖、日益退化的沿海渔场、砍伐殆尽的森林，甚至是日益滑坡的道德等。

作为一项在特征上与以上公共物品极为相似，而在不可再生性方面更为脆弱的公共物品或资源来说，历史环境保护研究的紧迫性不亚于其他的公共物品。管治理论无疑为我们提供了这样一个思路。

根据全球管治委员会（Commission on Global Governance，1995）对于管治给出的定义❶，可以看出其具有四个方面的特征：多元、和谐、灵活、过程。其中，（1）"多元"代表了参与主体的多元和手段的多元，管治的参与主体既可以是政府公共机构，也可以是商业投资集团，还可以是相关的家庭和个人；管治的手段既可以是正式的法律法规又可以是利益引导、社会伦理道德等非正式的约束。（2）"和谐"的需求正是管治思路产生的根源，在利益社会中存在着多种冲突，个人理性的加总容易导致集体非理性，管治追求通过协商和自我管理达到由冲突到和谐，再到联合行动的可持续发展。（3）"灵活"表示管治的手段既包含了迫使人服从的正式的制度和规则又包含了符合人们共同利益的非正式的规则，具有手段的多样和灵活性。首先管治强调一种自愿和主动地合作，同时不能够完全抛弃正式的约束，自由"市场的失灵"证明了过渡的放任就会陷入混乱和危机。（4）"过程"表示管治并非是一整套规则，也不是一项活动，而是一个持续运行的过程。管治关注在不同的领域和地区的实证研究，在运行过程中摸索出适当的经验并再次应用到实践中。

管治作为一种在当前利益社会协调人们行为的公共管理方式为历史环境保护提供了新的视角。

8.1.4 历史环境保护与管治相结合是可持续发展思路

历史环境保护是一种关注保护和延续的工作，保护与发展在历史环境保护研究中是一个最重要也最困难的课题，因为这里是将可持续发展观具体化的一个领域。

---

❶ 全球管治委员会的定义是"管治是各种公共和私人的机构管理其共同事务的诸多方式的总和。它是使相互冲突的不同利益得以调和，并且采取联合行动使之得以持续的过程。管治既包括有权迫使人们服从的正式制度和规则也包括各种符合人们共同利益的非正式的制度安排。"引自：易晓峰．城市管治：地方政府的角色和作用研究．［硕士学位论文］．南京：南京大学，2002.

联合国对于可持续发展有一个标准的表述[1]："可持续发展是既满足当代人的需求，又不危及后人满足需求能力的发展"。可持续发展观在面对发展的问题上考虑了兼顾后人的代际伦理。城市可持续发展包括经济、社会及文化等方面。将管治理念应用于历史环境保护，无疑为历史环境保护提供了一个新的视角，开辟了一条新的思路。在可持续发展观的指导下，针对保护与发展的难题，管治理念可以从以下四个方面把握：

1）保护与发展的把握——和谐自主

按可持续发展要求，历史环境的保护整治应是在改善居民生活环境的基础上，实现街区社会的良性循环。整治后的街区既要保证传统风貌的真实性、历史连续性，更要保护街区的活力，它应是居民继续生存的家园、活动的场所，而不仅是历史缩影的展示空间。历史街区可持续发展的最根本的基础是充分保证街区的物质环境空间和社会网络空间的协调发展。两者的统一才能构成其完整的内涵，才能真正保证街区的活力和魅力。

比如曾经有一个在历史环境保护工作中有争议的话题。关于在历史环境中居民生活方式的真实性问题上，学者们曾经有不同的见解。

强调"生活真实性"的专家反对哪种将历史街区中的居民全部迁出，把民居全部改为旅游和文娱等设施的"迪斯尼场景"式的更新方式，而强调传统的生活方式和习俗，重视"生活真实性"。

绍兴的历史街区改造后，大部分居民仍居住在此，并继续保持其生活方式和生活习惯——水上行走的小桥，传统的嫁娶方式，河埠上浣洗的姑娘……。绍兴的官员认为：民为风，建筑为貌，要体现绍兴的水乡风貌，两者缺一不可。缺少了老百姓，历史街区就缺少了魂[2]。

而强调人本观的学者提出了不同的想法。提出保护更新的现实观。

一些文人学者和历史专家片面的强调整体保护，保护古朴的生活方式，反对原住民的搬迁。他们喜好"见物又见人"，希冀在历史街区和古镇里不仅看到古物，还看见保持淳朴古心的居民。今天想要见到一个住着怀有淳朴古心的居民的桃花源式的古街区、古村镇有可能吗？缘木求鱼，难免失望。就拿名城苏州的古镇周庄来说，那里的房屋若是建于清代，真正那时候土生土长的原住民已经离世，即使生于民国初年的人怕也所剩无几。今天住在古镇里的人都是现代人，他们早已不过清代的生活，他们的生活追求和生活样

---

[1] 可持续发展的概念由挪威 G. H. Brundtland 夫人等人于 1987 年出版的《我们共同的未来》(Our Common Future) 一书中提出，并于 1992 年在联合国环发大会上取得共识。转引自：阮仪三等. 我国历史街区保护与规划的若干问题研究. 城市规划，2001 年第 25 卷第 10 期 31.

[2] 阮仪三等. 我国历史街区保护与规划的若干问题研究. 城市规划，2001 年第 25 卷第 10 期 31.

态，特别是青年一代，已经与时俱进，大别于他们的清朝祖辈，哪里还肯“返祖”。强留这样的人住在原地，对于保持原状、旧貌和旧风俗，非但无益而且多半会带来矛盾和干扰。他们和你我一样，也想过现代一点的生活，提高生活品质。周庄的老屋是好，不过是对那些有怀古情节的中外游客及一些专家（如历史学家、古建筑专家等）而言，他们来此观光一日或考察一阵子就走了，回到他们的有舒适、方便的现代设施的住宅里去了（李凌岚，2004）❶。

两种说法各有其道理，这也是在历史环境保护工作中常常遇到的选择，不同的处理方式常常得到不同的效果。“自上而下”由官员决定的“生活真实性”，得不到居民的支持，比如：居民可能不会放着家里的盥洗设施不用而去河埠上浣洗。而片面强调改善居住环境的做法又常常导致大面积的更新或“假古董”式改造，得到专家和权威的质疑。

对于这个问题，管治理念的和谐自主方式提供了一个崭新的思路。管治理念强调符合公众利益的协商和自我管理，强调一种“自上而下”和“自下而上”的结合。比如通过专家的技术支持和策划，通过多种方式的教育和宣传，公众认识到历史环境的价值而自发进行保护和有限度的更新会得到更好的效果。仍用上面的例子来说明问题，假设“河埠上浣洗”的思路是由居民自己做出的决定，那么这种“生活真实性”的实现和维护将较为现实并更加具有吸引力。

2）保护与发展的关系——辨证统一

人类文化的今天与昨天是一脉相承、不可割裂的。现代化是传统的继承延续，传统是现代化的前提和基础，两者相形不悖，并且是辨证统一的。“现代化”只能是对传统的扬弃，而不是全盘抛弃。片面鼓励新形式的开发而牺牲城市历史文化遗产，或过分强调保护旧建筑、旧街区、古城镇而牺牲城市的舒适性和创新性，都是不应该的❷。

保护与更新发展是相辅相成，对立统一的一对概念。在保护规划中确定的保护对象，总有一天会因破损而无法保护：在保护规划中确定的更新对象，如果更新物有较高价值，总有一天会转化为保护对象。这是一个动态的循环，而且如果按照保护规划执行，它还是一个有序的动态循环。只有在有序循环的更新过程中，才能实现对街区整体风貌的持续保护。

可持续发展的焦点问题是如何站在人类的立场上，对各种资源行合理的开利用，如何协调发展与再发展的关系，使现代人和未来人的需求不受到伤害，即在保护与发展中寻找一个可行的平衡点，达到社会、环境、经济效益

❶ 李凌岚.“城市经营”理念下的历史文化名城：[硕士学位论文]. 长安大学，2004.

❷ 李凌岚.“城市经营”理念下的历史文化名城：[硕士学位论文]. 长安大学，2004.

的统一，实现现在与未来的最优化。

3）保护与发展的节奏——循序渐进

可持续发展的道路是一条循序渐进的道路。1994 年，我国政府正式将"可持续发展"确定为国家发展的基本战略。然而，正如中国政府在白皮书中所指出的，"中国目前还在沿袭传统的非持续性的发展模式"，反映在历史环境的保护整治中，目前许多城市仍在继续进行大规模改造，而这种粗放型的改造模式显然是与可持续发展道路背道而驰的，因此，"必须迅速地扭转这种被动局面"从这种意义上讲，我们应把传统的小规模改造方式，作为历史环境保护整治的一种基本手段，不搞大拆大建，不急功近利，让人感受到的是历史环境延续性，而非日新月异的变化。

可持续发展意味着发展的非终结性，历史环境同一切有生命的机体一样，总是处于不断的生长与发展之中，是过程性的而非一劳永逸的，是一个不断完善、不断细致、不断深入的过程。这是因为只要是活的社区，大面积的环境总是处于不断的变化之中，没有最终固定而永久的状态。正如凯文·林奇所说："在它的总的轮廓相对稳定时，小的局部变化从未休止。……只是过程的延续，并无最后的终结。"❶ 因此，正如历史环境漫长的形成过程一样，其保护整治工作也要靠长期而持久的努力来不断发展与完善，是一项循环往复，一代代人要付出不断努力的长期工作。

4）保护与发展的过程——长期持久

城市是一个过程，任何城市都永远处于不断的发展变化过程之中，从来没有"终结"和建成的那一天。根据马克思主义哲学的观点，在任何事物的发展过程中，"变"是绝对的，"不变"才是相对的。每个历史环境都是在不同历史时期传承与变化中发展，在旧与新的冲突中演变，是历时性发展的展现，这正是历史文化环境保护的价值所在。❷ 保护历史文化环境就是要延续城市发展的历时性，为了不割断城市发展的历史，既不能抹去以前的发展痕迹、更不能不为后人留下今天的火热实践。否则，在后人看来，城市的发展历史不仅可能只在过去的横断面上闪现，也会在今天的节点上终结。因此，倡导动态的保护观念，就是不要回避"今天"在历史长河中的客观存在。历史环境需要保存不同时期文化信息（当然包括现代）的历史记忆，使居民体验到文明由过去向未来的延续，进而真正实现城市文化的可持续发展❸。

---

❶ Kevin Linch. Good City Form. MIT Press. 1964. P74. 转引自：李凌岚."城市经营"理念下的历史文化名城：[硕士学位论文]. 长安大学，2004：23.

❷ 刘浩. 古城保护与更新中的城市设计. 见：1998 年在上海召开的"历史城市保护与开发国际研讨会"上的发言. 转引自：李凌岚."城市经营"理念下的历史文化名城：[硕士学位论文]. 长安大学，2004：27.

❸ 李凌岚."城市经营"理念下的历史文化名城：[硕士学位论文]. 长安大学，2004：24.

8.2 历史环境管治的目标与原则

8.2.1 历史环境管治的目标

1）有效的持续保护

当今的历史环境面临诸多困境，保护研究也在各个层面开展，然而历史环境在社会经济发展大潮下的不断发生的消失现象，使我们必须重视历史保护的第一步，务实的保护。只有做到了有效的保护，才可以谈到历史环境属性的其他方面。

历史环境与自然环境保护相比具有绝对的不可再生性，从这个角度来说，历史环境保护比自然环境保护具有更大的紧迫性和难度。自然环境的破坏尚有恢复的可能，而历史环境的消失是不可逆的。

管治思维强调管治的有效度（effectiveness），管治本身意味着最佳的社会管理模式，所以有效性是衡量管治成效的首要标准。它要求管理部门是灵活的，管理成本是最低的❶。

有效务实的保护还包括动态持续的保护，历史环境消失的不可逆的特性要求历史保护必须是一个持续的过程，因为一次的破坏就意味着遗产的破坏，尽管它曾经受到过精心的保护。

2）利益和谐的保护

王振亮认为社会主义市场经济体制下历史保护体现几个特征：(1) 大市场特征；(2) 利益化特征；(3) 法制化特征。利益关系的整合始终是一切社会经济活动的核心问题。历史环境的保护面临市场经济条件下与社会价值判断的矛盾，而系统的整体性原则强调局部利益服务总体利益，冲突各方相互调适达到整体最优（王振亮，2002）❷。保护“保护不是要留住时光，而是要敏锐的调适变化的力量”（张松，2003）❸。

对于利益和谐的重视是管治思路的重点，管治所强调的合法性、参与性和透明性都是从对于更广泛的主体利益协调目标而出发的。

合法性（legitimacy）强调的是被一定范围内的人们内心所认同的权威和秩序。要取得和增大合法性的主要途径是尽可能地增加公民的共识和政治认同感，相关政府机构要尽可能地协调公民与政府以及公民与公民之间的利

---

❶ 刘筱．转型时期中国城市公共服务业管治研究——以广州为例．［博士学位论文］．广州：中山大学，2004.

❷ 王振亮．上海松江新城突进式发展的体制创新与探索，城市规划汇刊．2002 年第 6 期．52.

❸ 张松．历史城市保护学导论——文化遗产和历史环境保护的一种整体方法．上海：上海科学技术出版社，2003．转引自：李凌岚．“城市经营”理念下的历史文化名城：［硕士学位论文］．长安大学，2004：25.

益和矛盾，从而实现公共管理目标的一致和协调。参与性（participation）是衡量管治程度的首要指标，这是公民的责任与义务的具体反映。透明性（transparency）主要指每一位公民都有权获得与自己利益相关的政府政策的信息，从而使公民能够有效地参与公共决策，并且对公共管理过程实施有效地监督。

按可持续发展要求，历史环境的保护整治应是在改善居民生活环境的基础上，实现环境社会的良性循环。整治后的环境既要保证传统风貌的真实性、历史连续性，更要保护环境的活力，它应是居民继续生存的家园、活动的场所，而不仅是历史缩影的展示空间。历史环境可持续发展的最根本的基础是充分保证环境的物质环境空间和社会网络空间的协调发展。两者的统一才能构成其完整的内涵，才能真正保证环境的活力和魅力。

8.2.2 历史环境管治的原则

在历史环境的管理过程中，强调“管治”思维，就需要用一种崭新的、和谐的和有效的原则来指导我们对于历史环境的管理工作。

范文兵在研究上海里弄的保护与更新问题中总结出六项基本原则：（1）综合平衡原则；（2）整体协调原则；（3）有机发展原则；（4）动态发展原则；（5）公平、公正原则；（6）弹性原则。（范文兵，2004）

郭湘闽从建立利益表达机制、权力下放、制度创新、行政架构重组、规划手段调整以及开发手段更新等方面，提出了建构历史地段更新的规划管理新体系的设想。❶

李凌岚重点从目标研究及决策、规划设计、规划管理、建设实施四个层次探讨了建立“我国城市经营理念下的历史文化环境保护机制”的对策。总体上看，我国环境保护的决策、规划设计、管理、实施应适应市场经济体制，引入经营理念，注重树立新观念，运用新方法，建立新机制。❷

国内专家对于管治要素的概括和总结各不相同，比如刘筱认为管治的基本要素与特征包括：（1）合法性、（2）透明性、（3）责任性、（4）法规则、（5）响应度、（6）有效度、（7）参与性、（8）动态性（刘筱，2004）❸。总体说来，这些概括与本书的理解是一致的，对于包含多元含义的“管治”概念本身的理解也是多元的，这些解释的多元并不影响我们对这个概念的全面把握。

---

❶ 郭湘闽. 超越困境的探索——市场导向下的历史地段更新与规划管理变革. 见：2004城市规划年会论文集：求是，2004：786.

❷ 李凌岚. “城市经营”理念下的历史文化名城：[硕士学位论文]. 长安大学，2004：摘要.

❸ 刘筱. 转型时期中国城市公共服务业管治研究——以广州为例. [博士学位论文]. 广州：中山大学，2004.

在总结以上研究并结合管治理论的要素，笔者在此总结出了历史环境保护与管治理论相结合的基本原则：

1）求实保护原则

保护过程需要一种务实的态度，在某一种保护方式不可能实现的时候，宁可降低保护的要求，尽最大可能地保住历史信息。而不能抱着“宁为玉碎，不为瓦全”的态度，一味坚持理想状态不做丝毫让步，最终导致历史环境的彻底破坏。

对城市文化资源的经营和开发，应采用社会化的、多元化的经营模式，对历史建筑进行收购拍卖，引入城市运营商，新旧环境互动式开发，向社会筹集民间资金等，都可能是有效的经营途径和模式，但无论采用怎样的模式，都应以首先使历史文化资源得到有效保护为前提，并且必须在完善的法规制度监督下实施。❶

保护分级的设想与历史文化保护的优先权。城市更新本质上是一个多目标的社会工程，而历史文化资源的保护则只是城市更新中的一个方面，在中国现实的经济发展水平和城市化发展阶段，由于城市发展中许多现实的经济、社会问题往往表现为更具有迫切性，这种迫切性难免对历史文化保护造成挤压和排斥，因此，必须从制度上给予历史文化环境和资源保护优先权。在此基础上坚持务实保护的观点，尽可能地对现存的历史信息真实地保护。

针对已经部分破坏的历史环境，阮仪三认为要树立“亡羊补牢，犹未晚矣”的观念，虽然过去许多地方有很多破坏，有的已无法挽回，但只要还是有东西可保，要尽量地保，不要再让它们失去。❷

例如：当材料的一部分腐烂时，不是全部更换，而是切掉不好的部分，用新的材料接成一根整材，虽然全部换成新的更美观，但这样做，建筑物所具有的历史本原性就会渐渐失去。

为保护具有研究价值和再利用价值的古建筑构件、装饰构件等，扬州市已作出规定，要求在市区房屋拆迁中切实加强对有保留价值的古建材料的回收利用。在市区房屋拆迁过程中，文管、房管、建设单位和拆迁实施单位组成查勘小组，提前对拆迁范围内的房屋进行现场查勘，凡是被确定为具有历史、艺术、科学价值的古建筑材料，或是可供古建筑维修利用的传统建筑材料，包括各种砖雕、石雕、木雕以及各个时期的城砖、筒瓦和刻有文字的石碑等，都必须由政府无偿收回。这些材料确定收回后，由古建公司负责统一收集并登记造册，专门用于历史街区保护整治中传统建筑的维修。施工队伍

---

❶ 李凌岚. “城市经营”理念下的历史文化名城：[硕士学位论文]. 长安大学，2004：24.

❷ 阮仪三. 城市遗产保护论. 上海：上海科学技术出版社，2005：241.

对旧房拆除后登记造册的材料构件，不得擅自拆除毁坏，更不得廉价变卖。扬州市的这种做法，为我们树立了尊重原物的榜样。

2）多元协调原则

历史环境保护关系到多种利益群体（包括政府、房产商、居民、专业工作者……），涉及多种学科观点（社会学、经济学、城市规划学、建筑学、文物保护学……），产生多种效益（社会效益、经济效益、环境效益）。这些因素彼此纠缠互相制约，因此必须是一种多元协调的过程。它的成功与否需要进行综合评价。

在每一个案例中，这些元素的组合并不相同，在不同的情况下所起的作用也有所不同。所以，在不同的情况下应该有不同的侧重点，侧重点的决定应该是在具体分析中进行比较权衡，以期能够在达到主要目标的同时，在其他方面也能得到相应的改善，以完成综合效益的最大化。

在民主化、平均化所导致的各利益团体相互制约的现代社会中，面对日益复杂的各种城市技术设施以及大量的历史遗留物，想要用一种模式来统一整个城市已是不可能，对大城市来说尤其如此。现代城市从本质上越来越倾向于从主观到客观，从一元到多元、从单一性到复合性的发展过程，越来越融合了大量的“自下而上”的发展模式，是以一种小规模的方式逐渐生长出来的，而不是大规模地一次性建造出来的。

另外，我们还应该看到，今天城市规划运作的现实体制就是一种自上而下的模式，各专业的控制手段本质上也是一种自上而下的行为方式，我们所提倡的小规模渐进式的改造，实际是在一定的城市总体改造规划和城市设计通盘控制之下的小规模改造，也就是说，在一定的范围之内进行适度的自上而下的控制是必然的。但是，为了使这种控制更加有效，控制者应该具有一定的自省意识，即，这是一个在充分肯定现实情况的复杂性和自身调控有限性的前提之下的控制手段，它需要综合考察分析旧住宅区的经济、物质环境、社区和生活方式，它需要在各个方面留出足够的使“自下而上”模式能够起作用、能够生长的弹性空间。

在对待弱势群体的公平与公正方面，范文兵认为在当今的城市更新中只有普通居民最缺乏发言的机会，也缺少相应的保护自己权益的手段。维护普通居民的切身利益，加强社会公平、公正的权重，就是针对这种现实情况而提出的。这不仅是一个在国际上已普遍得到认同的思潮，更是社会主义政府特别关注的问题（范文兵，2004）。

美国著名的历史地段保护“却尔斯登原则（Charleston Principles）”指出，要“创造有组织性、可调整的与奖励性机制来促进保存工作，并且提供其领导权使保存工作得以成功”。[1] 为改善传统规划管理所存在的单向缺陷，国际文化资源保护与恢复研究中心提出了综合性保护（Integrated Conservation）的概念，要求“联合所有的政治与技术力量”，在历史地段的管理中“应着眼于创造（多种目标）和谐的局面，在保存它们功能与文化价值的同时，避免不佳的利用方式并保持现有的建筑尺度”。[2]

公共选择理论认为，可以通过重新界定政府与市场的关系来解决政府主观意愿脱离市场的难题，应当“打破政府对公共服务的垄断，全面引入市场机制，私人企业、非盈利性公共组织、半独立性公共公司、政府机构等各种类型的组织都可以提供公共服务”。[3] 市场式模式建议“将官僚体制的职能分散给多个：企业型机关，这些机关被授权独立自主的制定政策，这种分散职能的行为可能是根据来自于市场的信号而进行的，……打破反应迟钝的官僚体制枷锁的禁锢意味着决策得到了解放，也意味着公共部门能制定出更富有冒险精神和革新精神的方案”。[4]

为此应采用多维度综合性的规划来取代目前的纯技术性物质形态规划，以多方参与为基础，结合商业、旅游等相关利益的平衡来客观的确定规划控制指标、功能置换方式、更新模式以及景观风貌控制等多层面的问题，使规划方案成为反映多重博弈结果的可操作文本，并成立政府与市场主体联合组成的开发机构，使规划思路能准确的转化为市场的行动，有效指引历史地段的全面更新。

3）动态持续原则

管治理念强调实践的动态性（developent），它强调管治本身没有统一的模式，并且它是随时间、空间、人的不同而不同的。它的动态性正反映了为了实现社会最佳目标的管理的弹性。因此它也可以称为弹性（elasticity）。

历史环境的保护性更新是一个长期渐进的过程，不是无序杂乱的，而应是有序进行的，而且应与旧有环境、旧有建筑形成有机整体，以“有机更新”的观念与方式来进行更新。同时也应该认识与把握历史环境更新阶段的

---

[1] 旧城再生——美国都市成长的政策与史迹保存：5. 转引自：郭湘闽. 超越困境的探索——市场导向下的历史地段更新与规划管理变革. 见：2004 城市规划年会论文集：求是，2004：790.

[2] Management Guidelines For World Cultural Heritage Sites：80—82. 转引自：郭湘闽. 超越困境的探索——市场导向下的历史地段更新与规划管理变革. 见：2004 城市规划年会论文集：求是，2004：790.

[3] 公共管理学前沿问题研究：22. 转引自：郭湘闽. 超越困境的探索——市场导向下的历史地段更新与规划管理变革. 见：2004 城市规划年会论文集：求是，2004：790.

[4] Management Guidelines For World Cultural Heritage Sites：49. 转引自：郭湘闽. 超越困境的探索——市场导向下的历史地段更新与规划管理变革. 见：2004 城市规划年会论文集：求是，2004：793.

非终极性，非终极性的观念是指更新改造是持续不断的、动态的，既不会“一步到位”，也不会一劳永逸。只要城市在发展，社会在进步，历史环境的更新改造就不会停止，任何改建都不是最后的完成，现在对过去的改造，或许成为将来改造的对象，这就要求在历史环境的更新发展应把握时代脉搏，留下时代的痕迹。（图 8-3）

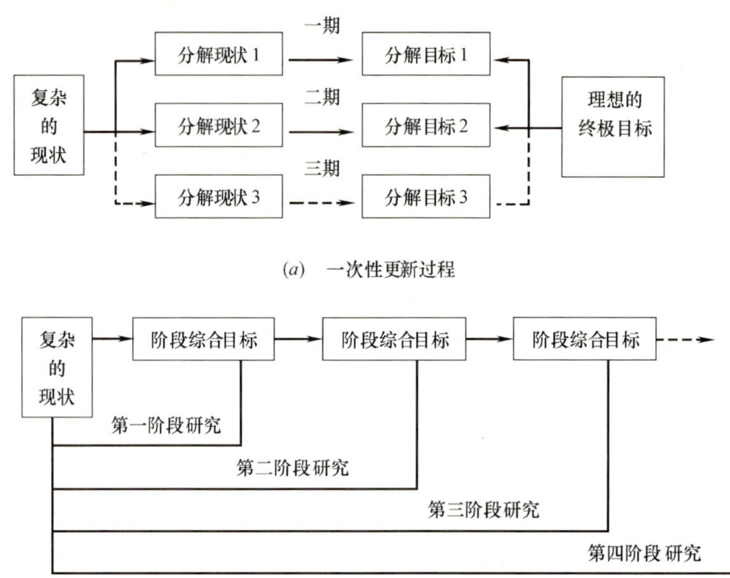

图 8-3 一次性更新
（a）与动态持续式更新（b）的过程对比

来源：郭湘闽．超越困境的探索——市场导向下的历史地段更新与规划管理变革

在保护规划中确定的保护对象，总有一天会因破损而无法保护：在保护规划中确定的更新对象，如果更新物有较高价值，总有一天会转化为保护对象。这是一个动态的循环，而且如果按照保护规划执行，它还是一个有序的动态循环。只有在有序循环的更新过程中，才能实现对环境整体风貌的持续保护。

4）规范运行原则

管治思路强调的多元并非放任自流或各自为政，每一个人完全的自由等于剥夺了大家的自由，管治离不开一定的正式的制度约束。管治思路所强调的责任性、法规则、响应度要素都是对于管治主体的约束。

责任性（accountability）在这里主要强调人们要对自己行为负责，它意味着管理人员及管理机构由于其承担的职务而必须履行一定的职能和义务，否则就是缺乏责任性。同样，公民自身也必须对自己的行为负责，这也是公民性的首要基础。法规则（rule of law）的直接目标是规范公民行为，管理社会事务，维持正常的社会生活秩序：但其最终目标在于保护公民的自由、平等及其他基本政治权利，所以它是与人治相对立的，它既规范公民和行为，更要制约政府的行为。没有法治基础，任何社会秩序的改革都是失败的，也就无从谈管治。响应度（responsiveness）事实上与责任性是密切相关的，它也是透明性、责任性的延伸。政府官员和管理机构在社会管理中具有透明性，并对公民的要求和呼声做出及时准确的回应，同时为了实现良好的管治在日常生活中还积极、主动地广纳民意，采取广泛的咨询。这一点是政府主体实现管治的必要条件❶。

在市场不断活跃，市场元素和公众元素逐渐介入历史环境管治的情况下，政府应该承担起自己的职责，做好公共物品管治的规范运转。当然政府可以不必直接参与甚至包揽历史环境的具体工作，而应该更多地利用法律法规、经济杠杆和宏观政策进行间接管理，引导、影响和约束私营企业对遗产的经营和管理活动。

就城市政府的作用而言，是核心的决策者，是使企业和市民的利益追求建立在合法的和符合整个社会利益的基础上，引导各种经营、保护活动合理、有序的开展，侧重于通过各种手段去协调、统一、约束企业和市民的行为，以使历史环境的历史价值与使用价值之间取得一致和协调。

地方政府的重要性与日俱增，因为它更贴近工作、社会，市场和环境。他们根据各地的差别具体实施历史保护环境保护政策。它们的努力方向是发掘历史地区的动力，带动地方经济、刺激旧城房地产市场，复苏处于衰败中的历史中心的社会和经济生活。

由地方政府主导的历史保护在私人及社区保护所不能企及的范围，如土地利用控制、交通、公共服务设施、大型项目建设、旅游发展管理等方面可发挥其应有的作用，并能注重公共利益与开发利益之间的平衡与取舍。

8.3 城市历史环境管治主体与模式

8.3.1 城市历史环境管治的主体

历史环境管治关注利益时代在多元主体关系下的历史环境的变化。

可以认为有三种基本的社会力量推动着历史环境的演化，他们是以公共部门（主要是不同层次的政府和准政府组织）为代表的国家作用；以私营部门（广义上包括不同性质的企业）为行为主体构成的竞争机制；以群众团体、社区组织（非营利组织）为特色的民众自助。这三种力量的互相作用和

❶ 刘筱．转型时期中国城市公共服务业管治研究——以广州为例．［博士学位论文］．广州：中山大学，2004.

消长构成了人居环境领域管治思想产生的背景（何兴华，2001）[1]。

1）政府部门（管理主体）

提供公共物品并维护公共物品的正常供给是国家和政府的重要职能之一，作为中国经历了从计划经济到市场经济的转型，政府在这一职能上更表现出重要的地位和职责。在社会发展中，公共物品的运营是市场失灵的典型领域，它需要政府介入，也只有政府的特殊性才能承担这一职能。同时，提供必要的公共物品以满足城市发展的需要，保持城市的集聚功能的稳定提高以及在社会发展中的竞争力，这些都要求城市政府必须承担起公共物品和服务的供给任务（刘筱，2004）。表现在历史环境保护上，就要求政府不能丢掉历史环境保护的这种职责，这也是维护公共物品正常供给的途径。很多城市的历史环境在商业开发中被夷为平地已经带来了深刻的教训。

2）私营部门（经营主体）

私营部门参与公共物品的生产和运营事实上正是政府新治理模式的核心要素，它和管治理念的兴起息息相关。中国的行政体制改革的重要一环就是政府职能向民间的转移，以及政府权力向民间的下放。对政府职能和作用的重新定位推动了这一过程。政府认识到公共物品和公共服务的提供或安排与生产之间的区别是关键。当前中国城市历史环境保护与私营部门结合首先可以带来历史保护所必需的大量的资金，并且资金的使用也较为灵活，而不必像政府拨款那样循规蹈矩。此外，私营部门管理具有灵活性的特点，大大提高了工作的效率，这对于需要处理各种复杂局面的历史环境问题具备巨大的优势。

萨瓦斯在《民营化与公私部门的伙伴关系》中提出私营部门参与公共服务运营的动力有下面几类：现实压力——追求更好的政府；意识形态动力——追求更小的政府；商业动力——追求更多的商业机会；经济动力——减少对政府的依赖（刘筱，2004）。

3）第三部门（合作主体）

以前人们通常把社会分为两大部门，即政府部门或市场私营部门，但是在政府和市场之间还存在第三部门，它们从事的大多是政府和私营企业不愿做，做不好，或不常做的事，特别在历史环境工作中，由于涉及较多的社会公众，第三部门在管治工作中的作用尤为重要。所谓第三部门，简单地说就是在政府和市场以外的部门。这个概念最早由美国学者利维特（Levitt）提出。广义的第三部门包含了公众和社会组织。由于公众自发的作用如果不经过组织，容易产生混乱，难以达到管治的目标，所以在此重点探讨社会组织。

---

[1] 何兴华. 管治思潮及其对人居环境的影响. 城市规划，2001，Vol25（9）：7-12.

社会组织有以下几个特征（1）组织性：意味着内部有规章制度，有负责人，有经常性活动。非正式的，临时的，随意性的聚会不能算作第三部门。（2）民间性：意味着在体制上独立于政府，既不是政府的部门，也不受制于政府。但是并不意味着完全不拿政府工资，不接受政府资助，或完全没有政府官员参与活动，其关键是民间性质的。（3）非营利性：意味着组织不能将利润分配给所有者和管理者。虽然可能也可以赚取利润，但利润必须服务于组织的基本使命，而不是由所有者和管理者享有利润。不以营利为目的是第三部门与私营组织或企业的最大区别。（4）自治性：自治性意味着各个组织自己管理自己，既不受制于政府，也不受制于私营企业，还不受制于其他第三部门。（5）志愿性：意味着参与这些组织的活动是以志愿为基础的，但并不是说组织的全部或大部分收入来自志愿捐款，也不等于说工作人员大部分或全部都是志愿者。只要参与者是志愿就符合要求了[1]。

8.3.2 城市历史环境管治的模式

1）政府主导模式

政府主导型模式是中国城市管治的传统模式。这种模式的权力导向从社会主体关系来讲是由上至下型，它以政府为主，强调绩效、效率和能动性，它主要是从技术层次上改良政府的管理水平，引进市场机制，加强绩效评估。这是一种理论化、模型化的管治模式，是一种政府管理供给模式，它的特点是更关注应该做什么而非事实上发生了什么。它与当前风靡全球的“公共管理运动”目标相一致，即通过政府行政管理方式的改革实现社会效益的最大化，是绩效（目标）导向型模式。

政府的科层式管理强调竖向的管理，提高了管理的效率，减少了摩擦，但是在处理复杂的、需要协商的历史环境保护问题时，由于传输途径的漫长，信息的传递慢，会导致两个方面的后果：或者决策缓慢，历史环境问题久拖不决，或者武断决策，采用简单的“推土机”式的更新方式。在公共政策的供给中，政府通过制度安排和制度变革，包括规制或是放松规制以及再规制等手段来实现最佳的供给水平，同时实现利益机制的调整，包括私人利益、公众利益、和政治家利益三大利益集团之间利益冲突、调整和平衡。在中国尽管正在大力进行全方位社会改革，但是长久的计划经济体制传统以及社会文化等因素使这种模式仍然处于主导和核心地位（刘筱，2004）。

从美国的经验看来，由地方政府主导的历史保护在私人及社区保护作不能企及的范围，如土地利用控制、交通、公共设施服务、大型项目建设、旅游发展管理等方面可发挥其应有的作用，并能注重公共利益与开发利益之间

---

[1] 刘筱．转型时期中国城市公共服务业管治研究——以广州为例．［博士学位论文］．广州：中山大学，2004.

的平衡与取舍❶。

2）市场主导模式

市场主导模式是随着市场经济的建立而产生的一种城市管治模式，尤其是在我国当前市场经济条件下，这种模式在城市历史环境管治中正显现出日益明显的作用。这种模式的核心是市场机制在生产供给安排中起主导作用，它以私营部门（或称为市场化企业）为管治的主体，以市场机制为运行手段。市场主体立足于对市场的缜密分析，试图满足市场的需求，进行准确的功能定位，其目的是得到更大的经济回报。市场的高效率给城市历史环境管治的难题提供了一种新的解决方式，尤其在资金筹集和管理方面提供了一种有效的方案。

在私人物品的生产供给中市场机制无疑是最佳的运行方式，但是涉及公共服务业中的各个项目，市场机制的作用则有很大的区别。美国在传统私人体制下，利用各种政策手段调动私营部门参与历史环境保护工作，取得了不错的效果。与此同时，对商业公司的控制不当也常会导致历史环境盈利导向的过渡商业开发，而人为地快速破坏，这样的例子在国外的历史和当今国内不胜枚举。

市场主导模式并不是否定政府的作用，恰恰相反，政府在其中起到的是掌舵的功能，通过制定相关政策也就是通过各种规制或是放松规制来安排指导市场的运行。如签订合同或协议，进行公开招标，将公共服务项目承包给私营企业，或是授予经营权，参股等手段。法国的 ZAC 商业发展区就采用了这种合作模式。

3）民间主导模式

民间主导模式又叫草根模式，这种模式的权力导向是由下至上，它以市民社会的内部治理为主，市民的参与性，能动性最高。尽管在这种模式里会有精英化趋势，但是却代表了一种截然不同的社会治理方向，即来自于主流权力——政府（国家）以外的另一种力量。虽然在中国它还处于刚刚起步的状态，但是在越来越多的场合它表现出了旺盛的生命力。这种创新的力量既来自社会也来自国家。随着改革开放，中国的政府组织不断进行改革，尤其在领先发展地区，政府的职能和行为方式已经有了很大的变化，政府组织本身有一种创新的冲动。政府职能与行为方式的转变内含着政府（国家政权）与社会关系变化的内容。社会力量日益增强，各类社会团体都在寻找自己的更大的发展空间，它们不愿坐失良机，从而成为这种模式形成和不断创新的动力。它是一种需求——进入模式，强调事实上发生了什么，并且实际的对

---

❶ 张松. 历史城市保护学导论——文化遗产和历史环境保护的一种整体性方法. 上海：上海科学技术出版社，2001：161.

策是什么。也即是一种问题导向型的管治模式。从严格意义上讲它更代表了新的管治发展方向，随着社会民主的继续推进，市民意识的强化，这种模式会越来越成为主流，并成为最高效的模式。它也可以分为两种类型，即以第三部门（社会、民间组织）为主体的社会组织主导模式和以各个独立的家庭单位或是群众、个人为主体的个人主导模式。

（1）社会组织主导模式

这种模式的主要特点是各种社会组织、民间组织、非营利部门等（包括正式的和非正式的）在公共服务的生产供给中处于主导地位，尤其是在资金的筹集上绝大部分都来自于民间，而非政府。

（2）公众自发主导模式

当公共服务的政府或是市场供给不能满足市民的需求，或是提供的服务与市民的需求相去甚远时，个人就会通过自身的力量去实现这些服务需求。他们不依赖于任何组织，也不依赖于政府，而是依靠自身的力量去实现需求。这种模式往往与非正式制度有密切关系。这种方式目前还只是极少数，但是它却是客观存在的，尤其在社会多元化过程中，这种模式无疑是前几种模式的必要补充（刘筱，2004）。

在旧城居住区历史环境中，常见居民对于自己居住的历史房屋的修缮，这样的历史环境能否得到保护，在很大程度上取决于政府能否对公众的自发行为进行引导。英国及北欧政府均有对历史建筑个人修补行为的规范约束和财税技术帮助，而国内这方面还很欠缺。

美国的社区保护相当的发达和多样。社区保护真正的成功多体现于许多非官方的运动中，尤其是在那些官方机构决策力企及不太深入的社区，如低收入社区和非白人社区。这些运动包括基层社区在历史保护及与之紧密联系的低价住房、开放空间、环境、公众健康和社区服务等方面所做的种种努力[1]。

4）混合模式

事实上，更多的历史环境管制的模式是以上形式的混合，我们称之为混合模式。我们总结这种模式的特点是在生产供给主体里，没有谁具有绝对的主导性，是政府、企业和民间的联合，互通有无，共同供给。三者之间的力量是互相制约的，也是互通有无的。这是政府、市场和民间社会最紧密合作共同解决社会问题的最典型代表，也是政府、市场和市民三方力量互相博弈，最后达成三方平衡的最佳模式。这种博弈在缺乏保护意识及规范保护的情况下，有时候是破坏性的。随着公众主导型的逐步建立，这种多元的合作

---

[1] 张松. 历史城市保护学导论——文化遗产和历史环境保护的一种整体性方法. 上海：上海科学技术出版社，2001：164.

将更加普遍。

8.4 历史环境管治的多元手段

8.4.1 历史环境管治的制度保障

1）程序和环节的规范化

经过多年的发展，受到相对成熟的《文物保护法》保护的文物保护单位保护状况较为理想，但如果不是文物保护单位，那么对它的拆、改、建则是十分随意的。在中国众多的历史遗存当中，被定为文物保护的单位的只是其中非常小的一部分，对于占绝大多数的未被法定保护的遗存，它们的命运是十分令人担忧的。然而就现有的法定历史文化遗产确认制度以及现有的国家财力来看，短时间内确认大量的法定历史文化遗产是不现实的（肖建莉，2004）。历史环境保护过程是一个系统的过程，包含的过程和环节要比文物保护单位还要复杂，完全依靠执行人员个人的主观行为的现状容易出现掌握"度"的难度。由于涉及主体的众多，不当的行政行为容易引发主体间的对立和矛盾，因此急需要管治环节的清晰。

1990年英国颁布的《城乡规划（登录建筑和保护区）法》对于我们的制度规范化具有重要的参考意义，其中除给出有关登录建筑的定义、法律程序外，还包含开发、改建、拆除、公众参与、产权关系、财政资助等内容。除此之外，经过半个多世纪的发展，英国的登录建筑保护体系已经形成了由选定制度、规划许可证制度、保护官员制度、资金保障制度等为基础的完整系统❶。

2）多元主体参与的制度化

（1）专家的咨询作用制度化

为了使专业技术咨询机构能够更好地发挥作用，应该实行专业技术咨询机构的制度化，如专家委员会制度。专业技术咨询机构的制度化包括技术咨询机构制度的法定化和技术咨询机构制度的细化。前者是对技术咨询机构在管理程序中的地位予以法律条文的明确规定，后者是对技术咨询机构的组成、机制、工作程序以及效果进行详细的规定。专业技术咨询机构制度化能够从制度上保证历史环境保护管理的科学性和客观性❶。

（2）工程设计施工的资质管理制度化

当前的历史环境保护工作中，还存在着专业人员为了自身的经济效益或由于专业知识的缺乏，导致历史环境维护工作中的设计施工粗制滥造，甚至不该拆的拆掉，不需更换的构件换掉以增加工程费用。特别是现在的

---

❶ 王琪. 城市历史保护的若干理论与方法——英国的经验. ［硕士学位论文］. 杭州：浙江大学，2003.

古建设计和施工往往由一家承担，甚至评审也由同一单位的专家参加，就会导致这种问题更加突出。由于专业性较强，这些问题容易隐藏起来，究其根源除了监督管理之外，还需要强化历史环境保护规划设计和施工的资质管理。

(3) 针对公众主体的登录制度和保存通知单制度

在遗产的确认方面，不可否认我国现行的历史文化遗产指定制度曾经发挥了巨大的作用。一方面，在旧的历史时期，在公众对于文物的价值和保护意识上没有完全建立的时候，指定制度以政府的强制力切实保护了相当数量的珍贵文物建筑，受到保护的名单正在逐年增加。另一方面，已经受到保护的文物建筑教育了公众，提高了公众的文物保护意识。然而，转型期物质空间的快速变迁，社会需求的多样化导致历史文化遗产的概念迅速拓展。表现在保护范围的扩大和难度的增加。给以指定为主要方式的遗产确认的主体——专家和政府相关机构带来的很大的挑战。在无力应付这种变化的局面情况下，历史文化遗产面临快速消失的困境。

随着公众认识水平的提高，依靠社会公众进行历史保护的可能性大大提高，因此以公众自我推荐为主要特征的登录制度就有了实施的基础。登录制度提高了公众在历史保护方面的自主性，使公众可以依法对自己的遗产进行保护。与此同时，急需建立一种针对尚未被法定保护、但具有相当的历史文化价值，尤其是有遭到破坏危险的历史环境进行保护控制，防止遭到破坏或破坏的继续。

(4) 监督检查

中国历史文化遗产保护管理实行管理主体分级化之后，地方政府的保护积极性被大大地调动起来，但在这种情况下，也会出现地方政府为了利益最大化而做出一些不利于历史文化遗产保护的事情；市场化运作的历史保护容易导致公共物品的管理异化为房地产开发项目，或推倒重建的更新项目。这不仅需要强有力的行政监督还需要注重社会监督机制。

专家监督和公众监督可以保证管理监督的专业性和社会性。当前专家监督常采用专家委员会制度的方式，公众监督常采用公示制度。当前建设部正在筹备的规划督察员制度，建立了一种类似于法国国家建筑师和规划师制度的技术监督指导体系，监督者并不隶属于地方政府管理，从而减少了长官意志的束缚，以保证专家监督的公正性。这种专家和地方政府协商的制度完全可以应用到历史环境保护的技术决策工作中。(肖建莉，2004)。

3) 法规中对于主体责任权利的明确

现有历史保护方面的法律规定对于保护主体的责任较多、约束有余而权利不足。表现为历史管理部门对历史建筑所有者或使用者“可以做什么”和“禁止做什么”的责任义务规定。而当所有者或使用者提出相应的权利要求的时候，却找不到相应的条文对这类情况做出解释。实践证明，在历史保护主体和内容均多元化广泛化的今天，要想达到较理想的历史保护和利用的效果，主体的主观能动性起到了非常大的作用。这就要求在保护的原则下，充分尊重所有者或使用者的看法和调动他们的积极性。因此，相关法律中应该增加相关主体权利的条文，包括要求对自己由于保护而损失的利益进行补偿的权利，以及对保护要求和措施有不同意见时的上诉权利等等（肖建莉，2004）。

4）需要统一的机构能够有效协调不同部门的工作

历史环境保护工作当前在政府的不同部门间的关系尚不够明确，表现在现实工作中就会出现多头管理和管理真空并存。历史环境保护是一项复杂的管理工作，涉及多方面、多部门的管理，因此对于这些不同部门管理的协调是非常重要的。从管理的效果来说，历史环境保护纳入城市规划体系可以通过建设的具体审批而落到实处，是一个较好的选择，但是，由于部门利益协调的难度较大，在地方政府层面很难由规划部门来协调同级别的其他部门，只有在高于这个级别专设一个保护委员会，由分管城建的副市长甚至市长牵头才有可能协调诸多的部门。

8.4.2 扩展多元利益引导

1）充实和优化政府直接投资

政府直接投资曾经是文物建筑和历史文化名城及历史街区保护的主要来源。过去的保护工作主要依赖这项资金，但是随着保护范围的扩大这项资金已经无法满足迅速发展的保护资金需求。主要表现为投入的增长缓慢和所需支出的快速膨胀。当历史环境得到法律认定，将带动中国历史文化遗产大规模保护的开始，这时资金的有限性和保护规模扩大化之间的矛盾将会日益突出，因此优化政府设立专项资金和财政补助显得尤为重要。

2）政府的经济促进和引导

在政府对于历史环境的资金投入中，应该重视资金使用的引导作用。政府资金投入的作用并不只是资助历史文化遗产本身的保护，而又可能通过政府的直接投资传递一种信息。从而为投资者树立信心，对私营部门的投资起到促进作用。比如可以通过申请专项保护资金的补助，或申请减免营业税、所得税、房产税等方法进行补助。

3）非文物历史建筑的私有化手段

对于个人参与的管理手段，产权所属是一个比较有效的激励手段。国内外的保护经验证明对于非文物建筑的历史环境来说，私有化是一项十分重要的保护手段。

2002 年 11 月颁布的《上海市历史文化风貌区和优秀历史建筑保护条例》中第六条和第二十六条有两处明确提到，公有优秀历史建筑可以转让；

《苏州市古建筑保护条例》第十五条规定，鼓励国内外组织和个人购买或者租用古建筑。这些法律规定使对文物的历史建筑类遗产的产权的私有化成为可能。产权的私有化使历史建筑的所有者保护的积极性得到了大大地提高。以前，历史建筑大多为公有产权，居住在其中的人们只不过是租赁者，建筑的好坏不牵涉到他们的经济利益，与他们没有直接关系。因此建筑所有者有着明显的旁观者心理，认为反正是别人的东西，破坏了也不心疼，更不用说主动花钱对建筑进行维修和保护。而产权的私有化使历史建筑成为私人财产，其状态的好坏将直接影响到物业所有者的经济利益，建筑质量的改善就意味着物业所有者财产的增加。这种直接的利益关系使历史建筑所有者保护的动力大大增加，他们愿意拿出自己的钱为自己的房子进行维修和保护。私人资金对保护历史建筑的投入的加大，使分散的私人资金合起来成为强大的保护基金，为历史建筑的保护和利用提供了坚实的经济基础。同样，企业也愿意对企业所拥有的历史建筑的保护投入资金，同样成为历史建筑保护强大的经济支持非文物的历史文化遗产允许产权私有为市场化运作奠定了经济基础。对于历史文化街区和村镇以及历史文化名城类的遗产，其历史建筑的产权私有化能够促进小规模保护整治的有效实施。（肖建莉，2004）。

4）正确引导旅游开发

通过旅游开发解决资金难题不仅是中国，也是国外常用的有效手段。

意大利也存在着保护资命不足的问题，为了缓解文物保护与资金不足的矛盾，从 1997 年开始，在庞贝中心局和罗马、佛罗伦萨、比萨等地的几个部门试行改革。自己制定两种门票：一种是在三个月内有效、面值 2.6 万里拉的通票；一种是三大内有效、面值 1.6 万里拉的通票。门票收入及有一些为游客提供服务的经营收入等都不再上缴中央财政，全都留由庞贝中心局管理支配。庞贝中心局人事管理实行“一局两制”，除国家工作人员外，又从社会上招聘了一些专门从事“经营”工作的人员，他们的加入，大大改善了经营状况，增加了收入。

庞贝改革效果良好。首先是用于各项业务工作的资金增多了，特别是在实行新门票之后，庞贝中心局的收入预计在原来每年收入 1000 万美元的基础上增加四倍以上，这在一定程度上缓解了资金不足的问题（辛慧琴，2005）❶。

改革开放以来，中国旅游业呈现快速高质发展的良好势头。中国已实现了从旅游资源大国向旅游强国的重大跨越。旅游业作为国民经济的重要组成

---

❶ 辛慧琴．意大利古旧建筑保护及改造再利用浅析：［硕士学位论文］．杭州：浙江大学，2005．

部分，已被许多省、市确立为21世纪初期重点发展的支柱产业❶。用旅游收入来带动历史环境的保护是一条重要的资金多元化来源，与此同时保护和旅游开发也可以形成良性互动。但一定要处理好开发与保护的关系，避免“涸泽而渔”，建立可持续的资金来源。

5）非营利组织或社团的建立

非营利机构和社团是保护工作社会化的重要组织形式，也是保护资金筹措的重要保证。

“非营利性机构”要求：（1）它在向社会提供消费服务上，是与一般经济企业相同的；（2）它又是“非营利性”的，是与一般经济企业不同的。历史环境保护的非营利机构经营制度应以如下认识为出发点：（1）历史保护优先；（2）经营以文化价值为导向；（3）恰当的社会公益性质；（4）向消费者提供缘自遗产功能的服务，并获取可以容许的经济收益；（5）经营收入不是为了分红，而是用于历史保护和利用的再投入；（6）可以获得政府补贴与社会赞助，有权享受赋税优惠❷。

由社团主导的历史环境的保护基金也是一项非常稳定的保护经费来源。保护基金的来源有三个途径：一是来自个人和机构的捐赠；二是发行福利彩票。保护基金一般由社会和民间组织进行管理。

8.4.3 建立历史环境保护伦理

1）加强宣传教育

（1）公众保护意识的教育

面对公众对于文物保护和发展理念还不够全面的问题，通过教育提升公众的保护观念十分重要。除了政府的各种形式的宣传，社会组织的宣传教育力量是十分巨大的。历史保护协会、遗产开发协会、民间保护组织以及社区等各种各样的社会组织，他们不仅是政府对历史文化遗产决策的智囊团，同时由于贴近公众，他们对公众的引导和影响作用非常巨大。因此，要充分利用这些组织的力量，把历史保护的宣传教育纳入到日常的宣传教育当中，使历史保护宣传的主体大众化、社会化，从而受到公众的接受。

青少年是社会未来的中坚力量，加强对青少年的历史保护宣传教育工作非常重要。UNESCO十分重视对发展中国家青少年教育，制作了许多宣传工具，做到了历史保护“从娃娃抓起”。

---

❶ 张小可. 旅游与文物结合的新思路：兼论文物管理体制改革. 见：徐嵩龄，张晓明，章建刚. 文化遗产的保护与经营——中国实践与理论进展. 北京：社会科学文献出版社，2003：258-262.

❷ 徐嵩龄. 中国文化与自然遗产经济学：缘起. 概念. 主要论题. 见：徐嵩龄，张晓明，章建刚. 文化遗产的保护与经营——中国实践与理论进展. 北京：社会科学文献出版社，2003：121-162.

2001年秋季高考上海卷语文试题有一道关于文化遗产的作文题，这道作文题为我们思考如何尽快地将文化遗产教育纳入国民教育体系，提供了契机。该作文题目是这样的[1]：

近年来，我国的泰山、长城、苏州古典园林等已被评为世界历史文化遗产。越来越多的人开始意识到其中蕴藏的巨大价值，并自觉地为保护这些遗产作出种种努力。今年在上海举办的重大国际会议还将周庄等江南古镇介绍给各国来宾，作为“让世界了解中国”的有效途径。

……

我国的文化遗产除了世界级的，还有各级各类的，它们分布于全国各地，有的就在我们身边。你注意过这些大大小小、远远近近的文化遗产吗？请说说你对它们的了解、认识和思考，写一篇1000字左右的文章（不要写成诗歌）。题目自拟。

中国的高考试题向来被视作中学教育（甚至还影响到小学教育）的“指挥棒”，具有导向作用，所以这道作文题的出现，还必定加大“历史文化保护”在广大师生、家长心目中的地位和份量，肯定会对现有的中小学教学带来不小的积极影响。因此，这道作文命题的意义，已远远越出了写作层面上的含义。

我们一直强调宣传教育对文化历史保护工作的重要意义，认识到只有通过全面提高民族素质特别是保护文化遗产的自觉意识，才可能真正地把保护工作做好。目前我国文化遗产遭破坏的现象十分严重，形势严峻，宣传教育的重要性愈加突出。有关文化遗产的宣传教育必须“从娃娃抓起”，并且坚持不懈、持之以恒。如此，方能培养出热爱并懂得如何 珍惜和保护文化遗产的一代新人，从而也才有可能从根本上改变不容乐观的历史保护现状。所以，必须将历史保护教育纳入国民教育体系，制定出一套长期、系统并且价值导向正确、目的和手段明确的，适合于中小学乃至大学的学习、教育计划。

（2）专业人才和管理者的培养

人才培养方面，在大专院校的建筑系和规划系设立历史保护专业，培养历史保护和建筑与规划相结合的复合型人才。

从当前的情况来看，管理者和决策者对历史文化遗产的态度直接影响到了历史文化历史保护的命运。首先要组织针对管理者相应的历史保护培训课程，比如纳入党校干部轮训的课程；其次，要在历史环境所在地举办历史保

---

[1] 闻泽．将文化遗产教育尽快纳入国民教育体系——2001年高考上海语文卷一道作文题引出的思考．见：刘耀辉，李志铭．文化遗产研究集刊（第三辑）．上海：上海古籍出版社，2003：365-374.

护的主要会议或者设立历史保护节等活动；第三，利用媒体引导和鼓励管理者有利于历史保护的行为，对于破坏遗产的行为要坚决曝光，形成对历史环境所在地管理者的教育。

2）构筑代际可持续发展的伦理支点

哈定认为只有两种方式可以解决“哈定悲剧”难题：加强控制和伦理自觉。伦理即内在的管理，管理是外化的伦理。离开伦理的建设，管理便可能成为无本之木，既无法落实，也无从体现。

目前中国历史环境管理中所出现的许多混乱现象，其实很大程度上都肇因于伦理上的混乱。因此必须将伦理与管理结合起来考察，或者说，要在伦理的层面上，努力探寻历史环境管理的支撑点。构筑包括历史环境在内的文化遗产事业的伦理支点，已成为一个基础性的、同时又是实质性的、关乎全局的问题。

杨志刚❶认为从规范伦理学的角度审视，以下几项要点值得特别关注。

(1) 工作伦理。重点在于建构职业道德。即历史环境相关的从业人员，包括文博行业、城市管理行业、设计施工等行业的人员应该恪守职业道德。在社会转型的过程中，在社会多样化和价值多元化对从业人员的职业伦理带来了严重的冲击。确立良好的工作伦理，是包括历史环境在内的文化遗产事业健康发展的重要基础。

(2) 生活伦理。重点在于建构公民道德。下面的这条资料，足以让每一位有心人体察到问题的严重性。《中国文化报》2003 年 7 月 25 日以《他们践踏的不仅仅是世界遗产》为题，用图文配合的形式报道：“明孝陵申报世界文化遗产成功后，有关部门连续 3 天向南京市民免费开放。连日来，近 30 万游客涌向明孝陵，一睹世界文化遗产的风采，人数创下历史之最。然而，让人痛心的是，镜头所及到处是游客攀爬古石像的情景。历经 600 多年沧桑的古石像在发出痛苦的呻吟。”由于特定的文化传统，中国人在对“公共财物”的理解及行为方式方面，存在比较大的欠缺。现代史上，鲁迅、张謇等人都曾对中国社会疏于保护文化遗产，表示过揪心之痛。积弊难除，因此如何从提升社会公德的角度，加强历史保护的伦理建设，在今天就显得分外的重要和急迫。从世界范围看，珍爱和呵护公共性遗产，已成为当代社会公共生活中的一条基本准则。假如我们忽视这方面的生活伦理，那么中国的历史保护事业就将缺乏应有的保障。

(3) 社会伦理。这涵盖几方面的内容，包括公共行政伦理和公众参与公共事务的社会伦理。美国伦理学家蒂洛在《伦理学——理论与实践》（北京

---

❶ 杨志刚. 管理与伦理：公共性遗产事业的一个新视点. http://www.ccrnews.com.cn/tbscms/module_wb/readnews.asp? articleid=13183，中国文物信息网.

大学出版社，1985年）一书中，曾提出人道主义规范体系的五条原则：A、生命价值原则；B、善良原则；C、公正原则；D、诚实原则；E、个人自由或平等原则。在涉及历史保护和利用的公共行政过程中，特别是在处理社会各方在收益和代价的矛盾关系中，应引入上述原则以作为我们进行科学规划和有效操作的伦理基础。

（4）环境伦理。环境伦理萌生于二十世纪四十年代末，到七十年代以后在欧美获得长足发展。按环境伦理的观点，人与自然之间也有道德要求，自然并非人类任意宰割的“奴隶”，而应该得到尊重和敬畏。这种伦理观后来又从自然环境延伸到人文环境，“环境意识”成为推进当代公共性遗产事业发展的重要新理念。

引入伦理教育，这是中国转型期遗产事业发展的一个重要突破口。

在今日中国，市场化的进程势必影响历史环境的存在命运。在文化产业兴起的过程中，各种历史环境将不可避免地被当做文化资源看待，将不可避免地面临开发、利用的局面。在这种情况下，对它们合乎道德的继承、开发和利用，必须是可持续的（章建刚，2003）❶。这是一种代际可持续的伦理观。

8.5 历史环境管治的研究结论

8.5.1 研究结论

面对国内在当前社会转型期，城市历史环境所出现的三方面的问题，即：原真性破坏，历史信息消失；整体性破坏，失去延续感；拆迁矛盾加剧，更新方式失谐的问题。

本书引入了管治理论，通过对城市历史环境的公共物品特性的分析，认为在当今多元主体合力作用下历史环境的破坏类似于“哈定悲剧”中过度放牧的草场一样，方方面面的主体均有自身的利益诉求，个体的理性导致集体非理性，而城市历史环境在多元主体的作用下处于衰败的边缘，与此同时引发了诸多的矛盾。通过国外历史环境演变的过程分析，我们可以发现通过主体间的合作、协商可以更好地解决社会中纷繁复杂的历史环境保护与更新问题。这正是国外1990年代兴起，并在多个领域进行深入实证研究的管治理论所强调的。管治理论强调的“多元”、“和谐”、“灵活”、“过程”是解决当今历史环境保护困境的一条重要思路。

通过对太原市历史环境演变过程回顾和当前太原历史环境更新模式的分

❶ 章建刚. 文化遗产的真确性价值与遗产产业的可持续发展. 见：徐嵩龄，张晓明，章建刚. 文化遗产的保护与经营——中国实践与理论进展. 北京：社会科学文献出版社，2003：3-34.

析，本为认为当前城市历史环境困境的根源在于：合力方向的偏离，传统体制的束缚以及所需资金、法规、理念支撑的不足等。

具体到现实保护工作中，于是本书提出了从思想伦理、制度完善、互动协商角度进行历史环境管治的建议：（1）树立管治思路，培养保护意识；（2）完善管治手段，建立保护机制；（3）引导协商参与，兼顾多元利益。

8.5.2 进一步工作的方向

本书通过实证研究和理论借鉴，在历史环境保护工作中融入了管治的思路，发掘了转型期历史环境困境的根源，获得了初步的研究成果。

与此同时，仍有很多方面值得深入研究和论证：首先，作为本书理论依据的“管治”理论还处于前理论阶段，理论界还没有一种居统治地位的系统学说，尤其是管治所强调的多元互动需要在不同的领域针对不同的情况灵活把握，这也给管治理论概括增加了难度。在城市历史环境的管治方面，更需要针对不同城市具体情况的实证。其次，本书作为对太原市历史环境现状的总结和建议，尽管填补了太原市历史环境理论研究的不足，但是仅仅从管治的角度进行了一定的历史回顾和案例分析，受篇幅和研究方向的限制，从资料发掘的深度和广度方面都需要激发更多的研究者进行更加细致全面的工作。以上这些正是下一步需要深入研究的内容。

参考文献

外文

1 UNESCO. Operational Guidelines for the Implementation of the World Heritage Convention. Paris，1997.

2 Architecture from whthout：Theoretical Framing for a Critical Practice，MIT Press，1991.

3 Larsen，K.，E. & Marstein，N. edit. Conference on Authenticity in Relation to the World Heritage Convention. Norway：Tapir Forlag，1994.

4 Silvio Mendes Zancheti. Conservation and Urban Sustainable Development. Rua do Bom Jesus：CCIUT，1999.

5 Serageldin，I. Shluger，E. & Martin-Brown，J. edit. Historic Cities and Sacred Sites-Cultural Roots for Urban Futures. Washington. D. C.：The World Bank，2001.

6 Edmund N. Bacon，Design Of Cities，Published by Art & Licensing International，Inc.，USA..

7 National Park Service. National Register of Historic Places 1966 to 1994：cumulative list through January 1，1994. Washington，D. C.：The Preservation Press，1994.

8 Theorizing Architecture Theory (1965～1995)，Kate Nesbitt，Editor，Princeton Architectural Press，1996.

9 Jane Jacobs：The Death and Life of Great American Cities，Penguin Books，1961.

10 Kenneth Powell：La ville de demnin，Edtion du Seuil，2000.

11 Nahoum Cohen：urban Conservation，The MIT Press Cambridge Massachusetts，1998.

12 UNESCO. Convention for the Protection of the World Cultural and Natural Heritage. Paris，1972.

13 UNESCO. Operational Guidelines for the Implementation of the World Heritage Convention. Paris，1997.

14 Silvio Mendes Zancheti. Conservation and Urban Sustainable Development. Rua do Bom Jesus：CCIUT，1999.

15 Serageldin，I.，Shluger，E. & Martin-Brown，J. edit. Historic Cities and Sacred Sites-Cultural Roots for Urban Futures. Washington，D. C.：The World Bank，2001.

16 Wolfensohn，J. D. etc，Culture Counts-Financing，Resources，and the Economics of Culture in Sustainable Development. Washington，D. C.：The World Bank，2000.

17 Suddards，R. W. Listed Buildings. London：Sweet & Maxwell，1988.

18 Ross，M. Planning and the Heritage. London：E. & P. N. Spon，1991.

19 Feilden，B. M. & Jokilehto，J. Management Guidelines for World Cultural Heritage Sites. Rome：ICCROM，1993.

20 Duerksen，C. J. A Handbook on Historic Preservation Law. Washington，D. C.：The Conservation Foundation and The National Center for Preservation Law，1983.

21 National Park Service. National Register of Historic Places 1966 to 1994，cumulative

list through January 1, 1994. Washington, D. C. : The Preservation Press, 1994.
22 Jukka Jokilehto, A History of Architectural Conservation, Oxford Auckland Boston Johannesburg Melbourne New Delhi. 1999.
23 Architecture from without: Theoretical Framing for a Critical Practice, MIT Press, 1998.
24 Kenneth Arrow, 1951, 1963, Social choice and individual value, Weiley press cooperation..
25 Robert Aumann, ed., Handbook of game theory and applications, North Holland Press, 1994..

.

专著.

1 仇保兴. 中国城镇化——机遇与挑战. 北京：中国建筑工业出版社，2004.
2 仇保兴. 追求繁荣与舒适——转型期间城市规划建设与管理的若干策略. 北京：中国建筑工业出版社，2002.
3 罗小未. 上海新天地. 东南大学出版社，2002.
4 罗小未等编著. 上海老虹口北部更新与发展规划研究. 同济大学出版社，2003.
5 陈志华. 北窗杂记——建筑学术随笔. 河南科学技术出版社，1999.
6 郑时龄. 上海近代建筑风格. 上海教育出版社，1999.
7 阮仪三著. 城市遗产保护论. 上海科学技术出版社，2005.
8 阮仪三. 历史环境的保护与理论. 上海：上海科学技术出版社，2002.
9 阮仪三. 护城纪实. 中国建筑工业出版社，2003，常青编著. 建筑遗产的生存策略. 同济大学出版社，2003.
10 阮仪三、王景慧、王林编著. 历史文化名城保护理论与规划. 同济大学出版社，1999.
11 张松. 历史城市保护学导论：文化遗产和历史环境保护的一种整体性方法. 上海：上海科学技术出版社，2001.
12 伍江编著. 上海百年建筑史. 同济大学出版社，1997 徐嵩龄，张晓明，章建刚. 文化遗产的保护与经营——中国实践与理论进展. 北京：社会科学文献出版社，2003.
13 上海优秀近代保护建筑回眸. 上海人民出版社，2001.
14 周俭、张恺编著. 在城市上建造城市—法国城市历史遗产保护实践. 中国建筑工业出版社，2003.
15 张松. 历史城市保护学导论——文化遗产和历史环境保护的一种整体性方法. 上海科学技术出版社，2001.
16 韩好齐、张松. 东方的塞纳河左岸——苏州河沿岸的艺术仓库. 上海古籍出版社，2004.
17 钱宗灏等著. 上海外滩建筑与景观的历史变迁. 上海科学技术出版社，2005.
18 娄承浩，薛顺生. 老上海营造业及建筑师. 同济大学出版社，2004.
19 范文兵. 上海里弄的保护与更新. 上海科学技术出版社，2004.
20 董卫、王建国编著. 可持续发展的城市与建筑设计. 东南大学出版社，1999.

21 李海清. 中国建筑现代转型. 东南大学出版社，2004.
22 陆地. 建筑的生与死. 东南大学出版社，2004.
23 顾国维等编. 绿色技术及其应用. 同济大学出版社，1999.
24 薛顺生、娄承浩编著. 老上海工业旧址遗迹. 同济大学出版社，2004.
25 地方遗产的保护与复兴会议论文集. 上海，同济大学主办，2004.
26 吴承照. 现代城市游憩规划设计理论与方法. 北京：中国建筑工业出版社，1998.
27 （英）肯尼斯·鲍威尔著·于馨等译. 旧建筑的改建和重建. 大连理工大学出版社，2001.
28 （美）刘易斯·芒福德著·倪文彦、宋峻岭译. 城市发展史. 中国建筑工业出版社，2005.
29 （英）W. 鲍尔著. 倪文彦译. 城市的发展过程. 中国建筑工业出版社，1981.
30 （美）哈米德·胥瓦尼著. 谢庆达译. 都市设计程序. 创新出版社，1979.
31 （美）培根著. 黄富厢、朱琪译. 城市设计. 中国建筑工业出版社，2003.
32 （美）简·雅各布斯著、金衡山译. 美国大城市的生与死. 译林出版社，2005.
33 罗哲文. 罗哲文历史文化名城与古建筑保护文集. 中国建筑工业出版社，2003.
34 罗哲文、杨永生主编. 失去的建筑. 中国建筑工业出版社，2002.
35 江荣先、柏冬友编著. 中国民间故宫——王家大院. 中国建筑工业出版社，2004.
36 柴泽俊. 柴泽俊古建筑文集. 中国文物出版社，2001.
37 杜仙洲. 中国古建筑修缮技术. 中国建筑工业出版社，1983.
38 马炳坚. 中国古建筑木作营造技术. 科学出版社，1992.
39 郭宏编著. 文物环境保护概论. 科学出版社，2001.
40 杨永生编. 建筑百家评论集. 中国建筑工业出版社，2000.
41 黄王丽. 国外大都市区治理模式. 南京：东南大学出版社，2002.
42 潘天群. 博弈生存. 北京：中央编译出版社，2004.
43 毛寿龙主编. 余逊达、陈旭东译. 埃莉诺·奥斯特罗姆著. 公共事物的治理之道. 上海：上海三联书店，2000.

论文.

1 周干峙. 春日保健争丰收——在2005城市规划年会上的讲话. 城市规划，2005，Vol. 214（11）.
2 吴良镛. 以城市研究与实践推动规划发展——在2004城市规划年会上的发言. 城市规划，2005（4）.
3 吴良镛. “菊儿胡同”试验后的新探索——为当代北京旧城更新：调查. 研究. 探索一书作序. 华中建筑，2000（3）.
4 赵中枢. 中国历史文化名城保护理念与规划的若干问题. 见：徐嵩龄，张晓明，章建刚. 文化遗产的保护与经营——中国实践与理论进展. 北京：社会科学文献出版社，2003.
5 邢同和、陈国亮. 上海美术馆改扩建设计. 建筑学报 2001（3）.
6 罗小未. 上海新大地广场——旧城改造的一种模式. 时代建筑，2001（4）.

7 王景慧. 我国历史文化遗产保护的层次. 上海市历史文化风貌区与优秀历史建筑保护国际研讨会论文集，2004 (10).

8 阮仪三. 市场经济背景下的上海历史文化遗产保护. 上海市历史文化风貌区与优秀历史建筑保护国际研讨会论文集，2004 (10).

9 阮仪三等. 我国历史街区保护与规划的若干问题研究，城市规划. 2001 (10).

10 张复合. 进入21世纪的中国近代建筑史研究. 华中建筑 2002，Vol. 20 (3).

11 陈志华. 介绍几份关于文物建筑和历史性城市保护的国际性文件 (一). 世界建筑，1989 (2).

12 陈志华. 介绍几份关于文物建筑和历史性城市保护的国际性文件 (二). 世界建筑，1989 (4).

13 陈志华译. 保护文物建筑及历史地段的国际宪章. 世界建筑，1986 (3).

14 陈志华译. 内罗毕建议. 世界建筑，1989 (4).

15 陈占详译. 马丘比丘宪章. 国际评选，第一卷第一期.

16 梁鹤年，抄袭与学习. 城市规划，2005，Vol. 214 (11).

17 左琰. 同济大学一·二九礼堂的保护性改造. 时代建筑 2001 (4).

18 (俄) K. 普鲁金著. 陈昌明译. 21世纪的古建筑保护与修复. 世界建筑，1999 (1).

19 张佶. 泰特现代. 世界建筑，2002 (6).

20 林楠、王葵. 文化承传与城市发展—北京南池子历史文化区改造工程. 建筑学报，2003.

21 王建国、戎俊强. 关于产业类历史建筑和地段的保护性再利用. 时代建筑，2001 (4).

22 顾红男. 旧城改造中历史建筑的保护与新老建筑的结合——以中国人民银行重庆分行危改扩建工程为例. 华中建筑，1998 (3).

23 刘川. 重庆近代建筑的形成发展及其主要特征. 建筑学报，2000 (11).

24 张永和、吴雪涛. 远洋艺术中心. 时代建筑，2001 (4).

25 周振字、周公字著. 杭州名人故居保护利用研究. 建筑学报，2003 (4).

26 伍江、谢建军. 结构保存与居住空间的寻找——老式别墅的再利用. 建筑学报，2003 (11).

27 王世仁. 保护文物古迹的新视角——简评澳大利亚巴拉宪章. 世界建筑，1999 (5).

28 王世仁. 为保存历史而保护文物——美国的文物保护理念. 世界建筑. 2001 (1).

29 林兆璋，倪文岩. 旧建筑的改造性再利用. 建筑学报 2000 (1).

30 蔡润. 古建筑木构件的化学加固. 文物保护技术，1981 (1).

31 查群. 建筑遗产可利用性评估. 建筑学报，2000 (11).

32 武云霞. 新旧建筑的共存——析英国2000年建造的三个建筑. 时代建筑，2001 (4).

33 章明、张姿. 欧洲新旧建筑的共生体系. 时代建筑，2001 (4).

34 蔡达峰. 论文物的价值观. 见：李志铭. 文化遗产研究集刊 (第二辑). 上海：上

海古籍出版社，2001.
35 蔡达峰．试论文物建筑与旅游资源的关系．见：李志铭．文化遗产研究集刊((第二辑)．上海：上海古籍出版社，2001.
36 张小可．旅游与文物结合的新思路：兼论文物管理体制改革．见：徐嵩龄，张晓明，章建刚．文化遗产的保护与经营——中国实践与理论进展．北京：社会科学文献出版社，2003.
37 闻泽．将文化遗产教育尽快纳入国民教育体系——2001年高考上海语文卷一道作文题引出的思考．见：刘耀辉，李志铭．文化遗产研究集刊（第三辑）．上海：上海古籍出版社，2003.
38 张文彬．新时期中国文物管理的制度建设．见：徐嵩龄，张晓明，章建刚．文化遗产的保护与经营——中国实践与理论进展．北京：社会科学文献出版社，2003.
39 何善权．上海历史街区和历史建筑的保护与利用．历史建筑与保护论文集，上海房地资源局科技委，2003年.
40 杰奈罗（意大利）．罗马：从老城到历史名城．上海市历史文化风貌区与优秀历史建筑保护国际研讨会论文集，2004（10）.
41 安妮·沃尔（澳大利亚），保护与开发：寻求平衡，上海市历史文化风貌区与优秀历史建筑保护国际研讨会论文集，2004（10）.
42 钟永钧．浅谈历史建筑的再利用．历史建筑与保护论文集，上海房地资源局科技委，2003.
43 罗林．解析历史建筑——重现昔日神韵．历史建筑与保护论文集，上海房地资源局科技委，2003.
44 杨红伟．快速城市化背景（前景）下的旧城改造与历史街区保护．2004城市规划年会论文集：城市文化与历史保护，2004.
45 龙炳颐．城市保护——土地经济学的一个问题．上海市历史文化风貌区与优秀历史建筑保护国际研讨会论文集，2004（10）.
46 朱晓明．虚实之间——简述中英产业建筑实体与意境保护的特点．地方遗产的保护与复兴会议论文集，2004（11）.
47 张松．上海城市遗产的基本状况和保护对策初探．地方遗产的保护与复兴会议论文集，2004（11）.
48 韩好齐．艺术仓库引发文化产业．地方遗产的保护与复兴会议论文集，2004（11）.
49 王颖，孙斌栋．运用博弈论分析和思考城市规划中的若干问题．城市规划汇刊，1999（3）.
50 陈振光，胡燕．“管制”：理论角度的探讨和启发．城市规划，2001，Vol25（9）.
51 罗小龙，罗震东．城市管治及其本土化研究中的若干问题思考．规划师，2002（9）.
52 顾朝林．发展中国家城市管治研究及其对我国的启发．城市规划，2001，Vol25（9）.
53 何兴华，管治思潮及其对人居环境的影响．城市规划，2001，Vol25（9）.
54 易晓峰，甄峰．城市开发中的城市管治研究——以汕头市南区开发为例．城市规划汇刊. 2001 (1).
55 村松贞次郎. 近代建筑史的研究方法，近代建筑的保存与再利用. 世界建筑，1987 (4).
56 邓雪娴. 变废为宝—旧建筑的开发利用. 世界建筑，2002 (12).
57 罗佳明，周海炜. 制度转型期中国文化与自然遗产的管理理念. 见：徐嵩龄，张晓明，章建刚. 文化遗产的保护与经营——中国实践与理论进展. 北京：社会科学文献出版社，2003.
58 邓兰等. 近代文物建筑保护的机制建立——以北海英国领事馆旧址整体平移为例. 建筑学报，2004 (9).
59 (德) 克劳斯——彼得·克罗斯. 历史城市中心区的城市更新与城市建设的文物保护. 建筑学报 2004 (6).
60 Mary G. Padua. 工业的力量——中山岐江公园：一个打破常规的设计. 中国园林，2003 (9).
61 王景慧. 名城保护的学科发展要研究新问题探索新思路. 中国城市规划学会历史名城学术委员会 2004 年年会，2004 (10).
62 张京祥. 论中国城市规划的制度环境及其创新. 城市规划，2001，Vol25 (9).
63 王世仁. 保存. 更新. 延续：关于历史文化街区保护的若干基本认识. 见：徐嵩龄，张晓明，章建刚. 文化遗产的保护与经营——中国实践与理论进展. 北京：社会科学文献出版社，2003.
64 陆建松. "文物单位所有权与经营权分离"的再思考：论文物保护与旅游利用之间的关系. 见：徐嵩龄，张晓明，章建刚. 文化遗产的保护与经营——中国实践与理论进展. 北京：社会科学文献出版社，2003.
65 赵中枢. 中国历史文化名城保护理念与规划的若干问题：缘起. 概念. 主要论题. 见：徐嵩龄，张晓明，章建刚. 文化遗产的保护与经营——中国实践与理论进展. 北京：社会科学文献出版社，2003.
66 顾伊. 论文物的价值观. 见：李志铭. 文化遗产研究集刊（第二辑）. 上海：上海古籍出版社，2001.
67 唐历敏. 人文主义规划思想对我国旧城改造的启示. 城市规划汇刊，1999 (4).
68 伍江. 上海近代建筑的保护与再利用研究. 上海市科学技术发展基金项目 012007020，2004 (2).
69 王振亮. 上海松江新城突进式发展的体制创新与探索，城市规划汇刊. 2002 年 (6).
70 郭湘闽. 超越困境的探索——市场导向下的历史地段更新与规划管理变革. 见：2004 城市规划年会论文集：求是，2004.
71 赵莹. 城市建设中的近代建筑保护再利用——以哈尔滨市为例. Urban and Rural Development，2002 (3).
72 戴焱辉. "新天地"是一个聚会的场所. 设计新潮，vol98.
73 肖建莉. 保护的理性呼唤——中国历史文化遗产保护管理与法规政策研究：[博士学位论文]. 上海：同济大学，2004.

74 刘筱. 转型时期中国城市公共服务业管治研究——以广州为例：[博士学位论文]. 广州：中山大学，2004.
75 曲蕾. 居住整合：北京旧城历史居住区保护与复兴的引导途径：[博士学位论文]. 清华大学，2004.
76 袁昕. 北京历史文化保护区保护研究：[博士学位论文]. 清华大学，1999.
77 邵磊. 北京旧城保护与改造的制度结构与变迁：[博士学位论文]. 清华大学，2003
焦怡雪. 社区发展：北京旧城历史文化保护区保护与改善的可行途径：[博士学位论文]. 清华大学，2003.
78 左琰，德国柏林工业建筑遗产保护与再生的经验及启迪：[博士学位论文]. 上海：同济大学，2005.
79 曲凌雁. 城市更新及对策——关于城市更新的多层次认识：[博士论文]. 上海：同济大学建筑城规学院，1998.
80 谢建军，近代历史建筑保护利用的策略与途径——以上海为例：[博士学位论文]. 上海：同济大学，2005.
81 张凡. 城市发展中的历史文化保护对策研究——保护、利用与发扬的城市设计原则和方法：[博士学位论文]. 同济大学，2003.
82 陆地. 建筑的生与死——历史性建筑再利用的发生与发展：[博士学位论文]. 同济大学，2002.
83 刘琼. 历史街区保护机制初探：[硕士学位论文]. 重庆：重庆大学，2003.
84 邢继亮. 历史街区更新改造探讨：[硕士学位论文]. 北京工业大学，2002.
85 李凌岚. "城市经营"理念下的历史文化名城：[硕士学位论文]. 长安大学，2004.
86 王琪. 城市历史保护的若干理论与方法——英国的经验：[硕士学位论文]. 杭州：浙江大学，2003.
87 姚亦峰. 南京历史文化名城保护研究：[硕士学位论文]. 南京大学，2002.
88 熊侠仙. 历史建筑的信息管理分析——以上海外滩历史保护区为例：[硕士学位论文]. 同济大学，2003.
89 何力. 三峡工程淹没区文物建筑保护研究：[硕士学位论文]. 北京建筑工程学院，2001.
90 易晓峰. 城市管治：地方政府的角色和作用研究：[硕士学位论文]. 南京：南京大学，2002.
91 孙玫. 上海历史建筑修复体系：[硕士学位论文]. 同济大学，2004.
92 马超. 旧建筑内部空间改造再利用研究：[硕士学位论文]. 天津大学，2003.
93 董珂. 上海近代老大楼的保护与再生——以滇池路 119 号为例：[硕士学位论文]. 同济大学，2005.
94 董一平. "东外滩"工业文明遗产及其保护性改造研究：[硕士学位论文]. 同济大学，2004.
95 吴杰. 旧建筑再利用三个案例的实施研究：[硕士学位论文]. 同济大学，2005.
96 郑宁. 博览建筑改扩建研究：[硕士学位论文]. 天津大学，2004.
97 罗小龙. 多中心城市区域管治研究——以苏锡常多中心城市区域为例. [硕士学位

论文]. 南京：南京大学，2002.
98 史逸. 旧建筑物适应性再利用研究与策略：[硕士学位论文]. 清华大学，2002.
99 周旋旋，美国历史保护体系和地方实践：[硕士学位论文]. 上海：同济大学，2003.
100 辛慧琴. 意大利古旧建筑保护及改造再利用浅析：[硕士学位论文]. 杭州：浙江大学，2005.

其他.

1 太原市城市规划设计研究院. 太原市文物古迹保护规划文本. 2004 (2).
2 太原市规划局编制研究中心. 太原市旧城保护规划研究.
3 太原市规划局太原市城市总体发展战略规划研究.
4 乔含玉先生书稿. 2005.
5 曹昌志等. 晋祠名胜区详细规划. 2005.
6 太原市城市规划设计研究院. 晋祠新镇详细规划. 2003，12.
7 许淑贤. 社会转型与道德重构. 太原市市委党校四轮五期县处级轮训班讲义.
8 古建筑木结构维护与加固技术规范 GB 50165—92. 中国建筑工业出版社，1992.
9 中华人民共和国文物保护法. 1982.
10 刘浩. 古城保护与更新中的城市设计. 见：1998 年在上海召开的"历史城市保护与开发国际研讨会"上的发言.
11 黄海峰. 加入 WTO 之后的中国经济转型. www. dajun. com. cn. 2002.
12 王乐夫. 中国第二次社会转型期公共领域再建构. http：//www. xnus. com/paper/zhengzhi/mz/200412/836. html.
13 艾伦·查尔默斯. 科学究竟是什么. http：//shss. sjtu. edu. cn/shc/kxjj/ch01. htm. 悉尼，1976.
14 孙立平，中国进入利益博弈时代. 经济观察报，2006-02-06.
15 王小霞. 涉黑拆迁：北京一居民深夜遭绑 房屋被夷为平地. 中国经济时报. http://finance. sina. com. cn. 2003-09-24.
16 戴维. 抗美援朝老战士不战沙场战房产 竟被开发商杀死. 搜房网. http：//www. soufun. com. 2005-09-21.
17 申波，鹏伟. 山西太原强制拆迁引发大规模群殴. 太原晚报. http：//www. sina. com. cn. 2006-02-17.
18 鞠靖. 外滩画报 2003-09-03. http：//www. sina. com. cn.
19 朱忠保. 关注拆迁立法中的利益导向问题. 2003-10-10. http：//www. rednet. com. cn.
20 周义兴. 警惕城市拆迁中的"灯下黑". 新华网安徽频道 2003-10-03.
21 方巍. 公共产品与环境质量. http：//www. cees. fudan. edu. cn/teaching/download/undergraduate-courses01 _ 02/hjjjx04. doc. 2004.
22 陈潭. 公共政策变迁的理论命题及其阐释. 学说连线. http：//www. xslx. com. 2004.
23 林中小筑. http：//blog. ustc. edu. cn/wjl/archives/cat _ aueaiiaeoa. html＃000831. 2006.
24 杨志刚. 管理与伦理：公共性遗产事业的一个新视点. http：//www. ccrnews.

com. cn/tbscms/module _ wb/readnews. asp? articleid=13183，中国文物信息网.
25 闵元. “倚老卖老”的老字号敢对拆迁说不. 中国商报网站. http：//www. cb-h. com.
26 谢涛. “和谐社会”需要构建多元的利益诉求机制. http：//www. xczl. net/. 2005-03-07.
27 李遇，刘春娜，韩佳. 太原危房在秋雨中呻吟. 见：山西晚报，2003-10-16. http://news. sohu. com/77/29/news214512977. shtml.
28 太原市房地产状况分析与初步对策研究. http：//www. tyeic. gov. cn/jwxinxi/zwgk/swgh/02dcbg/18. htm. 2006-03-05.
29 段华洽. 试论公共物品的供给方式. http：//www. gmw. cn/03pindao/lunwen/show. asp? id=3256. 2006.
30 赵鼎新. 集体行动、搭便车理论与形式社会学方法. 社会学人类学中国网. http://www. sachina. edu. cn/htmldata/article/2006/02/833. html. 2006-02-09.

后　记

本书是根据笔者的博士论文整理而成。攻读博士期间，导师邢先生推荐我去太原规划局挂职锻炼。工作中接触了政府的决策者和执行层、开发商、被拆迁的居民和等待改造的住户、专家学者等等人物，利用工作之便做了大量访谈和记录。从实践中发现一个有意思的现象，就像黑泽明的《罗生门》一样，每一个人物都从他的角度理解问题和做出选择。假如我们每个人互换一下角色，几乎会做出同样的选择。这个现象说明一定存在着一种内在结构性，很多城市规划的共性的问题都源于这个结构性。博士论文的选题方向为历史环境保护，于是我就试图从历史环境保护面临的问题中来寻找这种结构性。在诸多的理论中，管治理论较好地提出了解决个体理性导致的集体非理性难题。于是以此视角作为出发点，进行历史环境的研究，并希望这个工具可以用来考察更多的由相关主体利益博弈引发的城市问题。

如果说本书还有些可取之处或是为历史环境保护提供了一个视角的话，首先应该归功于我的导师邢同和先生。论文能够顺利完成，受到邢先生一直的指导和鼓励。而且邢先生不但教我学，更教我为人，三年多的言传身教将是我终生用之不尽的财富。

博士毕业并从事了三年高校教职工作之后，一个偶然的机会又回到同济大学做博士后研究。联系导师陈强教授则更像一个兄长，他思维缜密而务实，我们无话不聊，他把我拉到了一个视野更加开阔的领域。就是在他的鼓励下，我在从事设计工作之余继续着理论的积累并把博士论文整理出版。

感谢在太原市规划局挂职期间乔亮生副市长、冯岳南部长、郭志明局长以及规划局的同事及规划局下属的分局和院队的很多同志对我的帮助。感谢曹昌智厅长、李锦生总规划师、乔含玉老先生、乔树东副总工、邢超文副总工和张文杰副所长对我的帮助。

在攻读博士期间得到上海同设设计院的徐秉芬老师、陈晋老师、方邦杰老师、王文怀老师的帮助，在分配到上海应用技术学院后得到彭大文院长、周小理处长、孙雨明院长、田利博士、李建斌博士等同事的帮助。

一些老朋友也曾经在各方面给我支持和力量，徐强先生、王纪斌先生、郑庆丰先生、阎紧先生、马军鹏先生，特别是谢建军博士从我报考同济大学开始一直给予我无私的支持，现在北京的白静博士、阴劼博士都对我的论文提供了相当大的帮助。

同济大学的同学高宏宇博士、顾斌博士、张雪伟博士、甘来博士、王伟东博士、张峡峰博士、谢旭博士，吴爱民博士后，好朋友谢凤飞先生、彭湘舸先生，同门师兄弟李大椿博士、李媛博士、岳华博士、孙曦博士、郑可嘉博士在论文的交流中使我获益匪浅，向他们表示感谢并祝他们学业有成。

最后，将本书献给我的妻子马钰、女儿萌萌以及一直默默支持我的父母、岳父岳母、姐妹和所有支持与鼓励我的亲人和朋友！

李宏利

2010 年 12 月 7 日于意城国际